KB253981

장한일
뷰티북

장한일 뷰티북

발행일   2016년 11월 17일

지은이   장 한 일
펴낸이   손 형 국
펴낸곳   (주)북랩
편집인   선일영   편집   이종무, 권유선, 안은찬, 김송이
디자인   이현수, 이정아, 김민하, 한수희   제작   박기성, 황동현, 구성우
마케팅   김회란, 박진관
출판등록   2004. 12. 1(제2012-000051호)
주소   서울시 금천구 가산디지털 1로 168, 우림라이온스밸리 B동 B113, 114호
홈페이지   www.book.co.kr
전화번호   (02)2026-5777   팩스   (02)2026-5747

ISBN   979-11-5987-341-6 13590 (종이책)   979-11-5987-342-3 15590 (전자책)

뷰티 아티스트 장한일이 처음 공개하는 韓中 뷰티의 모든 것

BEAUTY BOOK

장한일 지음

북랩 book Lab

　　중국에서 '뷰티 멘토'로 유명한 장한일 씨의 뷰티북을 한국에서도 읽을 수 있게 되었네요. 바쁜 스케줄 때문에 평소 메이크업과 피부 관리에 많이 신경을 쓰지 못했는데 책을 읽고 저희 걸스데이 소진, 유라, 민아, 혜리는 피부 걱정이 줄어들 것 같아요. 『장한일 뷰티북』! <응답하라 1988>처럼 대박 예감이 듭니다.

－ 걸스데이(Girl's day)

베이징에서의 팬 미팅을 앞두고 『장한일 뷰티북』 출간 소식을 접했어요. 최근 중국 팬들 사이에서도 스스로를 가꾸는 것에 대한 관심이 크게 높아지고 있는 추세라는 말을 많이 들었어요. 『장한일 뷰티북』이 피부 관리와 메이크업 때문에 고민하는 한국과 중국 여성분들에게 시원한 해결책이 되길 바랍니다.

- 박해진

저는 뷰티 컨설팅을 꾸준히 진행하고 있는데요, 수없이 쏟아지는 각종 뷰티 정보로 인해 혼란스러웠던 적이 많답니다. 아시아 탑클래스 뷰티 아티스트로 평가받는 장한일 씨가 들려주는 뷰티 정보는 '역시'라는 생각이 들어요. "아름답고 건강한 피부를 위해서는 정확한 미용 정보와 활용법을 아는 것이 중요하다"는 말에 특히 공감하며 『장한일 뷰티북』을 추천할게요.

- 김정민

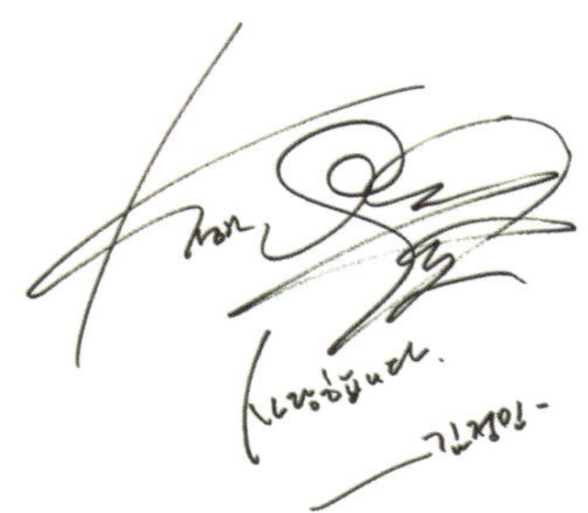

CONTENTS

BEAUTY BOOK

JANG HAN IL

PART **ONE**

올바른 스킨 케어,
예뻐지는 가장 빠른 방법

BB크림과 아이크림만으로 몇 년은 더 어려 보일 수 있다.
이 두 가지 아이템은 팔자주름을 가리거나
탄력을 되찾아 준다는 장점을 가지고 있기 때문이다.

'셀카중독'은 정신병?

최근 2년 사이 SNS에서 비교적 자주 발생하는 비극적인 일 중 하나가 '친구가 없어질 때까지 셀카를 업로드하는 것'이다. 그러나 예쁘게 찍힌 셀카 한 장 덕분에 여신으로 추앙받는 일도 빈번히 일어난다. 필자는 웨이보와 웨이신 친구그룹(모멘트)에 셀카를 올리는 것을 즐긴다. 그러다 보니 독자 여러분과 셀카를 찍는 것에 대해 함께 공유하고 소통할 수 있다.

미국정신의학협회는 '셀카 중독'을 정신병 및 '강박증'의 한 종류라고 말한다. 협회에서 '셀카 중독'을 강박증이라 정의한 데에는 그만한 이유가 있다. 자주 셀카를 찍고 업로드하는 사람들은 현실에서 부족한 자존감을 사진으로 보완하고자 하는 심리를 갖고 있기 때문. 그러나 이 병을 치료하는 약물은 현재까지 연구되지 않았다고 덧붙였다. 필자는 이것이 쓸데없는 말이라고 생각한다. 약을 연구하는 데 적지 않은 비용이 들 것이고 시장 전망도 그리 밝지 않을 텐데 과연 치료하려는 사람이 있을까?

병을 치료하지 않는 이유는 치료할 필요가 없기 때문이다. 작은 병으로 큰 병을 고칠 수 있다는 것. 자신이 업로드한 셀카에 '하트'나 '좋아요'를 눌러 주길 바라는 것은 마음의 병이 아닐 뿐만 아니라 누군가를 방해하는 일도 아니다. 따라서 미국정신의학협회에서 신약이 나오길 기다릴 필요가 전혀 없다.

전 세계 유명 스타들도 셀카를 즐겨 찍는다. 패리스 힐튼(Paris Hilton)은 로스앤젤레스에 위치한 자신의 집 앞에서 혹은 수영복을 바꿔 입으며 파파라치 앞에서 셀카를 찍기도 했다. '어느 각도에서도 아무런 두려움 없이 셀카를 찍는다'라는 것을 보여주기 위해서였다. 미국 팝스타 테일러 스위프트(Taylor Swift)가 팬들과 셀카를 찍은 것 역시 '포크송을 부르는 사람도 말끔하다', '팬들과 소통하며 가깝게 지내고 있다'는 것을 알리기 위해서였다. 이탈리아 유명 모델 클라우디아 로마니(Claudia Romani)와 이탈리아 국가대표팀 공격수 마리오 발로텔리(Mario Balotelli Barwuah)의 약혼녀 패니 네구에샤(Fanny Neguesha)의 셀카는 국가대표팀을 응원하기 위해서였으며, 아르헨티나 대통령 크리스티나 페르

난데스(Cristina Fernandez de Kirchner)가 기업 사무실 참관 시 직원들과 셀카를 찍은 것 역시 '국민들과 어우러지는 친한 대통령'임을 보여주기 위해서였다. 이들의 셀카가 대중으로부터 주목을 받은 까닭은 아름다운 모습을 셀카로 담아내었기 때문이다. 셀카야말로 긍정적인 에너지를 전달할 수 있는 하나의 수단이 아닐까?

일반인들도 셀카를 이용해 경제적인 측면에서 긍정적인 효과를 얻을 수도 있다. 2015년 5월 말, 미국 로스앤젤레스에 거주하는 38세 셀카 중독자 트리아나 라베이(Triana Lavey)는 수천 명의 고객이 있는 '미국 친구 그룹'에 회사 제품을 노출하여 찍은 셀카를 업로드하고 금전적 이익을 취했다. 그는 셀카에서 슈퍼모델처럼 매력적이게 보이도록 하려고 무려 8,900파운드(한화 약 1,230만 원)를 투자했다. 현재도 그는 자신을 가꾸고 셀카에 유명 제품을 노출시키며 제품 회사로부터 매월 수입을 얻는다고 한다. 학회에서 말하는 '정신병'을 이용해 자존감을 보완할 뿐만 아니라 통장도 채울 수 있는 것. 이같은 미용 투자와 수입 보상의 연결성은 감탄이 나올 정도다.

사람들은 셀카를 찍기 위해서 흔히 보정 어플이나 셀카봉을 사용한다. 그러나 최상의 셀카를 보장하는 방법은 바로 '깨끗한 피부'를 유지하는 것이다. 이를 위해 각종 화이트닝, 안티에이징, 모공수축, 윤곽 조절, 피부에 탄력을 주는 스킨 케어 제품들을 꾸준히 사용하자.

나이 예측 웹사이트가 말하는 '동안의 조건'

　얼마 전 마이크로소프트에서 개발한 'how-old.net'이라는 웹사이트가 화제가 됐다. 이 사이트는 사용자가 자신의 사진을 업로드하면 사진 속 인물의 나이를 분석하여 알려준다. 전 세계에서 유명인사와 대중들이 자신의 사진을 업로드해 'how old do I look'을 테스트했으며 열기가 더해지자 마이크로소프트를 취재하러 간 이들까지 등장했다.

　마이크로소프트는 인터뷰를 통해 웹사이트에는 얼굴의 나이를 가늠하는 27가지 포인트가 있으며 웹사이트는 이를 분석하여 결과를 내린다고 전했다. 이 27가지 포인트는 동공, 눈가, 코, 입가 등으로 이 주요 부위는 나이가 듦에 따라 눈에 띄는 변화를 맞이하는 곳들이다. How-old.net은 주로 얼굴 검사, 성별 분류, 연령 검사 등 3가지 기술에 근거하여 '나이 예측' 과정을 완성한다. 그중 얼굴 검사는 얼굴 특징을 포함하고 있으며 여러 데이터를 수집하며 모델을 분류하고 최적화 과정을 거친다.

동안 비법 1 연륜이 가장 잘 드러나는 '팔자주름'

'팔자주름'은 얼굴 나이를 식별할 때 가장 쉽게 판단을 내릴 수 있게 하는 데이터다. 입가와 콧방울 양측의 상태구조가 팔자주름을 구성한다. 다행히도 팔자주름 부위를 집중 관리하는 안티에이징 제품들이 많다. 또한 팔자주름 없이 어려 보이고 싶다면 BB크림을 팔자주름 부위에 얇게 펴 발라 팔자주름을 커버해 주거나, 팔자주름 부위에 탄력을 되찾아 주는 아이크림을 꾸준히 사용하도록 하자.

동안 비법 2 눈가 피부는 주름의 풍향계

눈은 노화를 가장 쉽게 가늠할 수 있는 부위다. 눈가는 얼굴에서 피부 두께가 가장 얇아 잔주름, 마른 주름이 생기기 쉽다. 나이가 듦에 따라 눈 주위 피부가 늘어지고 아래로 처지는 현상이 나타난다. 또한 눈자위가 움푹 파이고 눈주름의 범위가 넓어지며 다크서클이 더 두드러지고 눈이 자주 붓게 된다. 따라서 아이크림 등으로 눈가 피부가 처지지 않도록 관리하는 것이 중요하다.

 나이를 감추는 계책 '눈썹 위치'

안티에이징 성형수술에서 중요하게 여겨지는 원리 중 하나는 '눈두덩이 뼈를 기준으로 상하 비율이 나이와 관련 있다'는 것이다. 전체 얼굴에서 눈두덩이 뼈 아래가 차지하는 비율이 적을수록 얼굴이 작아 보일 뿐만 아니라 전체적으로 더 어려 보이는 효과를 기대할 수 있다. 이 예는 아기 사진을 통해 살펴볼 수 있다. 갓난아기의 눈두덩이 뼈 상하 부분 비율은 거의 5:5에 가깝다. 일반적으로 사춘기를 지나면서 아래턱뼈가 발달하기 시작하고, 눈두덩이 뼈 아랫부분의 얼굴이 점점 더 길어지며 동안과는 거리가 점차 멀어진다. 이 단편적인 예만 살펴보아도 눈썹의 위치와 눈두덩이 뼈의 상하 비율이 동안을 결정하는 데 무척이나 중요한 역할을 한다는 것을 알 수 있다.

전 세계적으로 '실수하지 않는' 스킨 케어 제품이 있을까?

　공식적인 장소에 갈 때 입을 예복을 고르기 어려울 때 대부분의 사람들은 '블랙 미니드레스'를 선택한다. 그 이유는 블랙 미니드레스는 절대 실패하지 않는 아이템이기 때문이다. 그렇다면 '실패하지 않는' 스킨 케어 제품이 있을까? 자신에게 맞는 화장품이 어떤 제품인지 잘 모르겠고, 유명한 스킨 케어 제품을 제대로 사용하고 싶다면 아래의 소소한 팁을 읽어 보기 바란다.

우리는 역사가 오래되고 오늘날까지도 인기가 있는 제품들을 '유명 제품'이라 부른다. 전 세계 메이크업 제품 중 수십 년 동안 끊임없이 사용되고 판매된 경우 유명 제품으로 판정될 수 있다. 유명 제품은 디테일한 부분의 완벽함을 끊임없이 추구하며 다른 이들이 소홀할 수 있는 부분을 부지런히 연구해 기존의 것을 초월한다.

유명 스킨 케어 제품이라는 3가지 증거

❶ 시각적으로 익숙하다

어릴 적 엄마, 이모 등 가까운 여성들의 화장대에서 발견되던 유명 제품은 다양한 유통망을 통해 지금까지도 빛을 발하며 판매되고 있다. 예를 들면 '시세이도의 빨간색 병 에센스'처럼 말이다.

❷ 청각적으로 익숙하다

어떤 화장품의 경우, 화장품을 잘 사용하지 않는 남성들마저도 제품 명을 들으면 낯설지 않다고 느낀다. 직접 사용한 적이 없더라도 친구들에게 들은 적이 있어 익숙하게 느껴지는 것. 유명 제품은 종종 스타들이 애용한다고 직접 대중매체를 통해 언급되며 유명해진다. 또한 '에스티로더 갈색 병'처럼 그 내력에 대해 알게 되는 경우도 있다.

❸ N세대 제품

유명 제품은 정기적으로 외관과 성분이 업그레이드되며 1, 2, 3세대 심지어 더 많은 세대로까지 출시된다. 여성들의 인정과 수요에 발맞춰 제품을 새로 선보이면서 브랜드들은 여성들로 하여금 제품을 놓

치기 어렵게 느껴지도록 한다. 네임밸류를 계속 유지하려면 시대의
흐름을 따르면서도 새로운 시각으로 제품을 개발해야 한다. '클라란
스의 더블세럼 안티에이징 에센스'가 바로 그 예다.

각질 제거도 '호사다마'

각종 스크럽제, 스크럽 크림, 스크럽 젤이 출시되면서 '호사다마(좋은 일에는 탈이 많다)'라는 옛말을 피부에 적용해도 될 것 같다. 많은 사람들은 스크럽류 제품이 '스페셜 케어'에 속한다고 생각하지만, 사실 스크럽제는 일상 케어 중 반드시 갖추어야 하는 제품이다. 그러나 사용 횟수를 꼭 제한해야 한다.

초등학생 때 많이 사용한 지우개를 생각해 보자. 좋은 지우개는 힘을 들이지 않고도 지울 수 있지만, 품질이 떨어지는 지우개는 공책에

얼룩을 남긴다. 이처럼 좋은 스크럽제는 딥 클렌징뿐만 아니라 부드럽고 깔끔하게 각질을 제거해 준다. 그러나 좋지 않은 스크럽제는 알레르기 반응을 일으킬 수 있으며 심지어 피부를 상하게 만드는 주범이다.

해조류로 만들어진 스크럽 입자는 미네랄과 비타민을 풍부하게 함유하고 있어 각질 제거 외에도 표피 재생을 촉진시키는 기능을 갖고 있다. 산화알루미늄, PE 입자(플라스틱 입자), 실리카 등과 같은 입자는 화학적으로 만든 인공 입자이지만 기술 규제 하에 둥글고 작은 입자로 제작되어 사용 시 상처를 남기지는 않는다.

식물성 입자는 일반적으로 호두, 살구씨와 같은 식물의 씨 또는 종자를 이용하는데 갈아 만들기 때문에 크기가 다르고 촉감이 비교적 좋지 않다. 그러나 과실의 씨앗은 천연 지질 및 비타민을 함유하고 있어 윤기 있는 피부 관리에 효과적이다. 그러나 표면이 거칠 수 있으므로 사용 시 주의를 기울여야 한다.

맹목적으로 산뜻함만을 추구하지 말라

스크럽의 목적은 묵은 각질은 제거해 모공을 막지 않게 하는 것이다. 이후 딥클렌징 제품을 함께 사용한다면 더욱 빠른 효과를 볼 수 있다. 스크럽제에 있는 스크럽 입자의 마찰계수는 비교적 크다. 사용 시 과도하게 힘을 들일 경우 피부에 미세한 상처를 남길 수 있다. 따라서 피부가 얇은 눈가 및 민감한 부위에는 사용하지 않는 것이 좋다.

현재 스크럽 제품은 입자, 향 첨가 등에 따라 사용감이 천차만별로 다르다. 자신의 피부 유형에 맞는 적절한 제품을 올바른 사용법으로 이용하면 '불필요한' 각질만을 제거할 수 있다.

각질층은 항상 일정한 두께를 유지하기 때문에 제거할수록 두꺼워지지 않을까 하는 걱정은 하지 않아도 된다. 오히려 비정기적으로 각질을 제거할 경우 각질층이 두꺼워진다. 따라서 주기적으로 각질을 정돈해 주는 것이 좋다.

이와 더불어 각질 제거 이후 느껴지는 산뜻함을 너무 추구하지 말자. 지나친 각질 제거로 각질층이 얇아지면 피부가 자기방어 능력을 잃게 되기 때문이다.

스크럽에 관한 3가지 오해

❶ 때가 나오는 제품이 반드시 좋은 것은 아니다

스크럽 제품 사용 시 때가 밀리는 것을 보며 '각질이 벗겨진다'는 느낌을 받지만, 사실은 실리콘, 클로이드와 유사한 성분이 피부에서 비벼졌을 때 발생하는 화학 반응이다.

❷ 스크럽 입자가 반드시 천연일 필요는 없다

반드시 천연성분으로 제작된 입자의 스크럽제를 사용할 필요는 없다. 폴리에틸렌으로 된 스크럽 입자는 인공적이지만 성분이 피부에 흡수되지 않아 피부 손상을 일으키지 않는다. 만약 천연성분을 이용할 경우, 제형에 포함된 크림과 더불어 재질, 스크럽 입자의 소재 등 복합적인 부분까지 면밀히 살펴보도록 하자.

❸ 설탕, 소금으로 스크럽제를 만들 수 있다

먹을 수 있을 뿐만 아니라 안전한 소금과 설탕을 스크럽제로 만들어 사용해 보는 것도 좋다. 그러나 일부 소금과 설탕은 입자가 크고 경도도 다소 높은 편이므로 만약 얼굴에 상처가 있다면 주의해야 한다.

주근깨와 화해하라

　얼굴에 있는 여러 반점들을 어떻게 관리해야 할지에 대해 고민하는 사람들이 많다. 일부 반점은 피부병이어서 피부과 진찰을 권했고, 또 일부의 경우 주근깨와 유사해 필자의 생각을 공유할 수 있었다. 오늘 날 해외에서 주근깨를 '안티에이징'에 이용한다는 사실을 알고 있는가?

　우선 필자는 서양인들이 주근깨에 대해 개방적으로 생각하는 것은 맞지만 귀여워하는 것은 아니라고 말하고 싶다. 서양 여성들 역시 동양인들과 마찬가지로 주근깨를 포함한 반점을 싫어한다. 그러나 대중적으로 흔히 볼 수 있는 반점이기에 주근깨에 귀여운 이미지를 대입하고 주근깨가 있으면 개구쟁이 소녀같이 어려 보일 수 있다는 말을 하는 것이다. 남자아이 얼굴에 생기는 주근깨는 대부분 나이가 들면 점점 옅어진다.

2년 전 미국 할리우드 스타 줄리안 무어(Julianne Moore)가 발표한 그림책『주근깨가 어때서?』는 어린 소녀가 전신의 주근깨 때문에 주위로부터 비웃음을 당하는 이야기를 다루고 있다. 무어는 이 그림책에서 용감하게 자신을 받아들이고 순리를 따라 생활하라는 이야기를 전한다. 또한 지난 2년간 엄청난 인기를 끌었던 스타 린제이 로한(Lindsay Lohan)의 연인은 로한이 줄곧 자신의 주근깨를 좋아하는 척하였으며 실제로는 어떻게 해서든지 화이트닝과 레이저 시술로 주근깨를 없애려 했다는 사실을 폭로했다. 이 사실들이 서양 사람들 역시 주근깨를 싫어하지만, 주근깨가 귀여운 것이라는 것을 널리 알리려 노력해 왔다는 것을 증명해 준다.

중국에서 주근깨계의 유명한 본보기는 바로 전설 속 '왕곰보'일 것이다. 매우 강력한 헐후어(歇后语)가 있는데 그것은 바로 '곰보가 낙하산을 메고 뛰어내리니 하늘에서 곰보가 우수수 떨어진다. 즉, 말만 번지르르하다'라는 말이다. 그러나 중국 슈퍼모델 판옌(潘燕)이 인기를 얻기 시작한 2년 전부터 아시아에서 주근깨가 점점 명성을 얻기 시작했다. 동서고금을 막론하고 주근깨에는 줄곧 여성들의 모순되고 복잡한 마음이 담겨 있었다. 어느 순간부터 주근깨가 메이크업 트렌드 중 하나가 된 것일까?

올해 패션쇼 무대에서는 일부러 주근깨를 그려 넣은 모델들이 등장해 눈길을 끌었다. 주근깨가 패션계에 영향을 미치면서 점차 누드메이크업의 자연스러움과 청춘의 화사함을 대표하게 되었으며 오드리 마네이(Audrey Marnay), 매기 라이저(Maggie Rizer), 에린 헤더튼(Erin Heatherton), 캐롤라인 트렌티니(Caroline Trentini)와 같은 슈퍼모델들의 이름들이 각국 패션계 소식에서 주근깨와 밀접한 관계를 지니게 됐다. 심지어 얼굴에 주근깨가 없으면 외출 시 다른 사람과 안부 인사를 하기도 민망한 정도에까지 이르렀다. 엠마 스톤(Emma Stone)이 '아메리칸 스위트하트'라는 타이틀로 '주근깨 트렌드'를 이끌었다. 뒤이어 같은 해 6월 가수 데미 로바토(Demi Lovato)가 인스타그램에 '주근깨'라는 제목의 셀카를 업로드했고 올리자마자 화제가 됐다.

영국의 브랜드 탑샵(Topshop)에서는 안티에이징 주근깨 펜슬을 출시했다. 주근깨가 노화를 방지할 수 있다니. 탑샵이 주류 브랜드라는 사실을 미루어 봤을 때 이 제품의 기능을 의심할 수는 없을 것이다. '주근깨는 청춘, 활력을 대표한다'는 것이 안티에이징 주근깨 펜슬의 주장이다.

사실 이 '인공 주근깨 펜슬'은 이전에도 여러 컬러메이크업 브랜드의 제품 시리즈로 출시된 적이 있었지만 아시아 여성들의 수요가 없어서 낯설게 느껴질 뿐이다. 당시 이 주근깨 펜슬은 메이크업용에 불과했고 안티에이징 효과가 있다고 홍보하지는 않았다.

들리는 얘기에 의하면 탑샵에서 출시된 안티에이징 주근깨 펜슬은 주근깨를 균일하고 패셔너블하게 표현할 수 있다. 이 브랜드의 뷰티 컨설턴트 해네이 머레이(Hannay Murray)는 디자인팀에서 가장 자연스러운 색소를 찾아내어 피부 속 멜라닌과 융합시켰으며 대리석으로 제작된 펜슬 끝으로 주근깨를 찍으면 진짜처럼 보인다고 했다. 주근깨 펜슬은 메모리 기능을 갖추고 있어 가볍게 주근깨를 찍으면 임의로 콧등에서부터 뺨으로 확산 분포되어 균일하게 보이는 효과가 있다. 심지어는 얼굴형에 따라 각기 다른 주근깨를 찍는 방법을 제공하기도 했다. 그러나 유명 메이크업아티스트 케이트 베스트(Kate Best)는 만약 이러한 펜슬을 이용하여 얼굴에 '가짜 반점'을 찍게 된다면 그것을 본 사람들은 '저 사람 씻어야겠네'라는 생각만 들 것이라고 지적했다. 그가 권장하는 것은 '눈썹 아래 부분에 브라이트닝 효과를 넣고 코 양쪽에 주근깨를 그린 후 코 위 양쪽의 주근깨를 연결시켜 입꼬리당김근(risorius muscle)을 넘겨야 한다는 것이다. 손가락 끝으로 작은 점을 부드럽게 문지른 후 파운데이션으로 약간 보정해 주고 블러셔를 발라준다. 원칙적으로 적절한 정도까지만 찍어야 한다. 그녀의 마지막 문장을 차용해 보면 '곰보처럼 지나치게 찍지 말아야 할 것'을 잊지 말자.

작은 알약 하나로 아름다워질 수 있을까?

　다음과 같은 장면을 본 적 있는가? 친구들끼리 밥을 먹으러 갔을 때 음식이 서빙된 후 고집스럽게 사진을 찍어 남기려고 하는 사람이 있고, 하나씩 포장된 알약 케이스를 조용히 꺼내는 사람도 있다. 미용 알약이 정말 효과가 있다면 당신은 음식 사진을 찍을 것인가? 혹은 알약을 먹을 것인가? 내복용의 종류는 매우 많으며 만약 반드시 먹어야 하겠다면 이에 대해 하고 싶은 말이 매우 많다. 자주 물어보는 질문을 모아서 답해 보겠다.

**Q. 일반 약국보다 뷰티 브랜드에서 출시하는 약의 효과가 더욱 믿음직
스러운가요?**

물론 스스로 자신의 필요에 따라 일반 의약품, 미용 효과가 있는 약
제를 선택할 수도 있지만 뷰티 브랜드 제품에 비해 편리성, 안전성이
떨어진다. 뷰티 브랜드에서 출시한 내복약의 미용 효과는 테스트를 거
친 것이므로 상대적으로 미용 전문성이 강하고 간단하게 복용할 수
있다. 구매가 편리하며 설명서에 일일 섭취량이 설명되어 있다. 직접
약국에 가서 제품을 선택하려면 당신이 헬스 케어의 고수가 되어야
할 것이다.

Q. '디톡스'가 가능하다고 하는 알약은 '설사약'으로 이해하면 되나요?

그렇게 설명하는 약은 분명 정상적인 '디톡스 약'이 아닐 것이다. 디
톡스 건강식품들의 효과는 매우 뛰어나다. 주로 장을 청소하고 장의
병변 확률을 낮춰주며 설사, 복부팽창을 예방할 수 있다. 뿐만 아니
라 변비 개선 효과도 있으며 심지어 면역 기능 강화를 통해 노화 방지
효과를 볼 수도 있다. 그러므로 유행하는 상품, 텔레비전 홍보가 아닌
입소문으로 좋은 품평이 나 있는 정품 브랜드를 선택해야 한다는 것
이다.

Q. 스피룰리나는 안티에이징 효과가 있나요?

스피룰리나는 천연 알칼리성 식품으로 초록색 바탕에 파란색을 띠
어 남조식물로 불리기도 한다. 확실한 안티에이징 효과가 있으며 다량

의 단백질, 필수 아미노산, 철, 아연, 칼슘, 마그네슘, 칼륨, 각종 비타민, 풍부한 다원 불포화 지방산, 클로로필, 안토시안과 B카로틴을 함유하고 있다. 특히 특수 성분인 남조소를 함유하고 있어 세포 노화를 방지하고 간을 보호하며 항암 효과가 있다. 콜레스테롤을 낮추고 장 기능을 개선하여 안티에이징 효과를 볼 수 있다. 균형 잡힌 천연 건강식품이라고 할 수 있다.

Q. 포도씨가 정말 자외선 차단 효과가 있나요?

자외선 차단에 도움이 되는 것이지 자외선을 직접적으로 차단할 수 있는 것이 아니다. 포도씨에는 매우 뛰어난 항산화 물질인 '포로사이아니딘'이 함유돼 있어 광노화 문제를 개선할 수 있다. 폴리페놀류인 프로사이아니딘은 수용성이고 인체 내에서 자체적인 합성이 불가능한 천연 물질이다. 인체 내에서 72시간 동안 살 수 있으며 체내 프리라디칼(활성산소)을 줄여 주므로 심혈관 질병을 보호하고 노화를 늦추는 효과가 있다. 비타민 C보다 20배, 비타민 E보다 50배 강하고 비타민 C와 E의 효과를 보조해 줄 수 있어 자외선 차단에도 도움이 된다.

Q. 색소 컨트롤이 가능하다고 하는 화이트닝 알약은 정말 효과가 있나요?

비타민 C, 비타민 E, 포도씨, 프로폴리스 등과 같은 성분은 호르몬을 조절하거나 티아미나아제 활성을 억제할 수 있다. 멜라닌 생성을 늦추는 성분이나 고효율 항산화 능력을 갖고 있어 프리라디칼(활성산소)을 효과적으로 줄여준다. 피부톤 불균형, 칙칙함, 피부 늘어짐, 광노화 등 현상을 개선할 수 있어 피부톤을 밝히고 피부에 탄력과 윤기를 부여하는 효과가 있다. 이너뷰티를 함께 케어하여 화이트닝과 자외선 차단 효과를 기대하는 것이 좋다.

Q. 비타민은 효과가 있나요?

비타민에는 수십 가지 종류가 있지만 뷰티 케어 분야에 사용되는 것은 10가지 정도다. 비타민 C, E, B는 피부를 탱탱하게 가꿔 주고 피부톤을 균일하게 개선해 준다. 항산화 효과로 프리라디칼(활성산소)에 세포가 손상되지 않도록 보호하여 뛰어난 미용 효과를 볼 수 있다.

Q. 비타민 복용 시 금기사항은 어떤 것이 있나요?

① 술과 비타민, 이너뷰티 제품을 함께 섭취해서는 안 된다.

② 비타민과 식물성 성분은 종종 상호 보완이 되므로 두 가지가 합쳐진 제품을 섭취할 수도 있다.

③ 해산물 알레르기가 있다면 '어류' 콜라겐을 함유한 이너뷰티 제품을 주의해야 한다.

④ 임신, 수유 기간이거나 현재 다른 약물을 복용 중인 경우에는 복용하지 말 것.

⑤ 어유 및 지용성 비타민(A, E)은 장기 복용 시 인체에 부담이 될 수 있으므로 섭취 기간을 1년을 넘기지 말 것.

⑥ 보양 식품은 설명서에 표기된 복용방법을 따라야 한다. 복용량

을 자체적으로 늘리거나 줄여서는 안 된다.

⑦ 보양 식품마다 특징이 다르므로 적절한 때에 복용해야만 효과
를 확실히 볼 수 있다. 예를 들어 비타민, 유지 성분과 지용성
성분은 식후 복용해야 한다. 잘못된 시간에 복용하면 불면증,
배탈 등을 일으킨다.

피부, 위보다 먹는 것을 더욱 따진다

'오이 스킨', '인삼 크림', '허니 마스크팩' 등 식재료를 사용한 스킨 케어 제품이 유행하면서 '바르는 것과 먹는 것은 동일하다'는 말을 하곤 한다. 가장 안심이 되는 성분은 먹어도 문제가 없는 식재료이며 피부에 바르기에도 좋을 것이라고 생각되기 때문. 이것이 바로 '바르는 것과 먹는 것이 같다'라는 원리다. 다만 피부 체계와 소화 체계가 다르고 피부가 성분을 '먹을' 수 있게 하기 위해 스킨 케어 제품에 들어가는 성분에는 매우 까다로운 기준을 적용하고 있다.

식재료 스킨 케어의 3대 트렌드

트렌드 1 채소와 과일, 곡물에서부터 뿌리줄기, 균까지

파파야, 포도, 쌀, 토마토는 항상 주류 스킨 케어 재료로 활약하고 있으며 현재는 뿌리줄기와 균의 효능에 대해서도 많이 발견되고 있다. 과학자들은 이러한 식재료가 야외에서 자랄 때의 생명력에 주목하고 있으며 이들은 피부 세포에 도움이 될 수 있다.

인기 성분: **송이**

'버섯 중의 왕'으로 불리는 송이는 단백질, 멀티 아미노산, 셀룰로오스, 유기 게르마늄, 펩타이드 물질 등 영양 성분을 풍부하게 함유하고 있다. 멜라닌을 억제하고 안정적인 보습 효과를 줄 수 있다.

트렌드 2 녹차에서 각종 차까지

녹차에 함유돼 있는 폴리페놀은 뛰어난 항산화 효과를 자랑한다. 녹차뿐만 아니라 백차, 홍차 등 여러 차를 배합해 섭취하면 더욱 많은 비타민과 비타민 유도체를 흡수할 수 있다.

인기 성분: **백차**

백차 속 폴리페놀 성분은 프리라디칼(활성산소)를 효과적으로 억제한다. 체내 독소를 제거해 주고 외부 유해산소로부터 세포를 방어해 주며 화이트닝 디톡스 효과를 볼 수 있다.

트렌드 3 일반 중의학 약재에서부터 진귀한 보양 식품까지

중의학과 한의학에서는 황금, 흰목이, 홍경천 등 많은 한약재를 사용해 왔다. 최근 화장품 브랜드에서도 동충하초, 로열젤리, 녹용, 캐비

아에 이르기까지 진귀한 보양 식품에 집중하여 스킨 케어 제품에 적용하고 있다.

인기 성분: **로열젤리**

로열젤리는 다량의 단백질, 아미노산, 풍부한 미네랄, 비타민을 함유하고 있다. 세포의 신진대사를 개선하고 노폐물이 쌓이는 것을 방지하여 피부를 부드럽고 탱탱하게 만들어 가꿔 준다.

욕심 많은 피부를 위한 2가지 업그레이드 노하우

❶ 식사법 업그레이드 - 우선 소화시키고 다시 '먹는다'

입으로 먹는 것과 피부에 바르는 것은 피부 영양에 어떤 차이가 있을까? 장은 소화기관에 속한다. 피부는 방어막이자 땀을 배출하며 추위와 더위 등 외부 스트레스를 견딘다. 이 두 기관이 담당하는 일은 명백히 다르다. 그러므로 음식물을 소화할 때와 유사하게 피부가 영양을 흡수하도록 하려면 식재료 속 영양분에서 가장 뛰어난 유효 성분을 추출하여 피부 흡수에 적합하게 제작해야 한다. 그래야지만 영양분을 피부 속까지 정확하게 전달할 수 있다.

❷ 편식 업그레이드 - 피부도 알레르기 반응이 나타날 수 있다

스킨 케어 브랜드에서 출시하는 각종 식재료 제품에는 일반적으로 알레르기를 일으킬 수 있는 성분은 제외하고 있지만, 일부 사용자들 때문에 해당 성분을 제외하지는 않는다. 어떤 음식에 알레르기 반응이 있는지를 알고 있거나 스킨 케어 제품에 그 성분이 포함되어 있는 경우에는 병원에 가지고 가서 테스트한 뒤 사용하는 것이 좋다.

클렌징도 하나의 '의식'이다

클렌징이야말로 스킨 케어의 첫 번째 단계라고 할 수 있다. 메이크업에 들이는 시간만큼 클렌징에도 오랜 시간을 들여야 잔여물을 꼼꼼하게 지워낼 수 있다.

부위별 클렌징

❶ 얼굴 부위

• 우선 클렌징로션을 손에 덜어 목, 뺨, 이마를 부드럽게 문지른다.

화장솜으로 목에서부터 아래턱, 뺨 코 등의 부위를 닦아낸다. 이
때 사용한 화장솜은 바로 버려야 한다. 화장솜에 파운데이션이
묻어나지 않을 때까지 화장솜을 사용하여 연속 2~3회 닦아내는
것을 반복한다.

- 깨끗한 화장솜에 스킨을 묻혀 얼굴에 가볍게 두드린다. 이 단계
가 매우 중요하다. 클렌징로션의 잔여물을 제거할 수 있을 뿐만
아니라 피부 pH 농도 균형을 잡아주기 때문.

❷ 눈 부위

- 우선 아이 전용 클렌징로션을 묻힌 화장솜을 눈 부위에 10초 동
안 가볍게 눌러주어 마스카라와 아이라인을 녹여준다.
- 속눈썹은 위에서 아래로 클렌징 하고, 언더속눈썹과 언더아이라
인은 아이 전용 클렌징로션을 적신 면봉이나 화장솜으로 닦아 준
다. 눈꺼풀은 피부결을 따라 닦아내야 자극을 최소화할 수 있다.

❸ 입술 부위

- 립 전용 클렌징로션을 화장솜에 촉촉하게 묻혀 위아래 입술 위에
몇 초간 올려 립스틱 성분을 녹인다. 이후 화장솜을 이용하여 입
술을 가로 방향으로 닦아 준다.
- 거울을 보면서 입술 사이에 잔여물이 있는지 확인한다. 클렌징이
안 된 부분이 있다면 립 전용 클렌징로션을 묻혀 다시 닦아 준다.

클렌징 TIP

① 진한 메이크업이 아니라면 클렌징오일보다는 클렌징
   로션이 좋다. 클렌징로션은 유화제가 상대적으로 적게
   함유돼 있어 여드름 피부에 적합하다. 클렌징 이후에도 피부가 비교적 촉촉
   해 건성과 민감성 피부에도 좋다.

② 눈과 립 메이크업은 전용 리무버 제품으로 클렌징을 하는 것이 좋다. 눈, 입
   술 부위 피부는 매우 약해 자극에 민감하게 반응하기 때문.

③ 화장솜에 클렌징로션을 묻혀 얼굴, 눈, 입술 부위를 순서대로 닦아낸다. 잔
   여물이 모공을 막지 않도록 닦으면서 클렌징 시 마사지는 하지 않도록 한다.

클렌징으로 피부를 '리부팅'시킬 수 있다

　　일본 여성은 두 가지 이상의 클렌징 제품을 준비해 두었다가, 아침 저녁 또는 특수한 상황에 따라 적절한 클렌저를 선택한다. 일반적인 마일드 클렌징 외에도 딥클렌징 기능이 있는 필링 제품도 준비해, 평소 세면 시 제거할 수 없었던 노화된 각질층까지 벗겨내는 것이 포인트. 이처럼 철저하게 세안하는 것은 '리부팅'의 중요한 기회다. 하지만 이러한 세안은 일주일에 1회 정도만 실천하는 것이 좋다. 또한 일주일을 절대적인 척도로 삼기보다는 '최근 피부가 왜 이렇게 안 좋지'라는 생각이 들 때, 딥클렌징을 진행하면 된다. 피부가 가장 깨끗한 상태로 돌아와야만 가장 순수한 에너지를 보충해 줄 수 있을 뿐만 아니라 피부 생명력까지 끌어올릴 수 있기 때문이다.

딥클렌징 후 피부는 무척 건조해져 있는 상태다. 피부 리부팅을 위해 가장 먼저 선택해야 할 제품은 '가벼운 스킨'. 가벼운 스킨은 피부 표면을 깨끗이 해주고 pH를 회복시켜 주며, 각질층을 조절해 피부의 흡수력을 높여준다. 세안을 마친 피부는 '황금 흡수기' 상태. 이때 보충하는 영양은 잡다하기보다는 정밀한 것으로 통일시켜 주는 것이 좋다. 이것이 바로 필자가 일관되게 주장하는 간단하고 통일된 원리의 스킨 케어 방법이다. 피부는 '아무것도 없는' 상태에서 가장 순수한 에너지를 흡수해 완벽한 상태로 복구된다. 에센스와 마스크팩은 심도 있고 효과적인 피부 영양 보충 단계다. 무척이나 종류가 다양하지만, 피부 보습, 재생 촉진, 다양한 영양분을 풍부하게 함유한 기능성 제품을 선택하는 것이 좋다. 이때 화이트닝이나 반점 제거 기능이 있는 아이템은 연관된 피부 고민이 있을 때만 사용하도록 하자.

1. 스킨 다음 단계에서 에센스를 사용한다면…

스킨은 마스크팩으로 활용할 수 있다. 스킨 마스크팩 사용 방법은 매우 간단하다. 시중에서 판매하는 진공 압축 마스크팩을 구입해 스킨을 듬뿍 묻힌 후 얼굴에 덮어 주기만 하면 된다. 이때 크림을 사용하지 않기 때문에 보습 기능을 갖춘 스킨을 사용하는 것이 좋다. 보습 기능성 스킨은 일반 스킨과 비교했을 때, 히알루론산과 무코이틴

류, 콜라겐, 아미노산, 폴리펩티드류, 고분자 보습젤 등 높은 농도의 생화학 보습 성분을 함유하고 있으며, 피부가 잃어버린 수분과 세포 간질을 신속히 메워 줄 수 있다. 더불어 피부 표면에 수분막을 형성해 피부의 겉과 속 모두 촉촉하게 가꿔 준다. 이 과정에서 가장 중요한 것은 고기능 스킨이다. 이러한 제품은 고효율 흡수 능력과 고기능의 운반체, 활성 촉진 성분을 보유해, 유효 성분이 신속히 피부에 전달되도록 돕고, 흡수 효율을 더욱 제고시킨다.

2. 스킨 다음 단계에서 마스크팩을 사용한다면…

마스크팩을 사용하기 전 스킨으로 얼굴을 닦아 주자. 화장솜에 스킨을 충분히 묻힌 후, 화장솜이 마를 때까지 얼굴 전체를 가볍게 두드려 주면 된다. 손으로 스킨을 두드릴 경우 얼굴 전체를 두드려 주는 것을 잊지 말자. 선명한 페이스 라인을 만들고 싶다면 검지와 중지를 가위 모양으로 만들어 턱부터 귀까지 발라 준다. 손을 사용하든 화장솜을 사용하든 스킨을 바른 후에는 반드시 양손으로 얼굴을 감싸 주자. 손바닥의 온열감을 이용한 밀봉 효과로 영양분이 피부에 충분히 침투하도록 도와줄 것이다.

3. 마사지가 피부 리부팅에 도움이 된다

에센스와 마스크팩을 사용한 후 진행하는 적절한 마시지는 제품의 최대 효과를 끌어내며, 피부의 흡수력을 높여 준다.

- **움직이며 마사지:** 콧방울 양측과 정면 위아래로 움직이며 마사지

한 다음, 입 주변은 표정 주름을 따라 가로로 바깥쪽을 향해 움직이며 마사지한다.

• **지압 마사지:** 눈꺼풀 위아래를 나눠 지압하고, 손가락 윗부분에 깃털 같은 힘을 주어 눈앞부터 끝부분까지 지압한다.

• **감싸며 마사지:** 양손으로 따뜻하게 얼굴 전체를 감싼 후, 안에서 밖으로 움직이며 귀밑샘 부분을 집중 마사지해 준다.

클렌징 TIP

필링 기능이 있는 클렌징 제품은 세정력이 강하므로, 사용 전 손바닥에 충분한 거품을 낸 뒤 얼굴에 사용하는 것이 좋다. 풍부한 거품은 한층 더 부드러운 세안이 가능하도록 도와주기 때문이다. 또한 세정 성분의 최대 효과를 끌어내 묵은 각질과 노폐물을 쉽게 제거할 수 있도록 도와준다. 많은 여성들이 충분히 거품을 내지 않은 상태에서 클렌징을 진행하곤 하는데, 이러한 잘못된 클렌징 방법이 피부 건조와 여드름, 색소침착 등 각종 피부 트러블을 초래한다는 것을 기억하자.

10분간의 유산소 운동이
10㎖의 안티에이징 에센스와 맞먹는다

　이것은 단지 비유에 불과하니 너무 진지하게 받아들이지 말 것. 그렇지만 유산소 운동이 고급 안티에이징 에센스 못지않게 피부 노화 방지에 효과적이라는 것은 명백한 사실이다. 유산소 운동은 5분 동안 지속한 후에도 여전히 편안한 호흡을 지속할 수 있는 운동을 뜻한다. 많은 여성들은 유산소 운동을 통한 다이어트 효과에만 지나치게 관심을 두곤 하는데, 미용 효과도 있다는 사실을 간과하지 말자.

만약 어느 날 아침, 전날보다 눈이 훨씬 줄어든 것을 발견한다면 분명 눈이 부은 것. 이는 자는 동안 혈액순환이 상대적으로 느려져 얼굴 피부가 스스로 복원할 충분한 산소를 공급받지 못했기 때문일 가능성이 크다. 이때 플랭크를 하면 미용 효과가 매우 뛰어나다. 코어 근육을 강화시켜 내장을 함께 운동시키며, 체액 순환을 가속해 입체적으로 신진대사를 촉진한다. 또 세포의 성장과 복원율이 높아질 뿐만 아니라 세포 분열 속도가 평소보다 8배 정도 빨라지는 효과를 기대할 수 있다.

이러한 과정은 신체 독소 배출 속도를 높여, 부종을 비롯해 여드름과 색소 반점 문제 역시 동시에 해결할 수 있다. 만약 2~3주 동안 계속해서 실천한다면 다크서클과 부종 상태는 눈에 띄게 개선될 것이다.

또한 배드민턴과 테니스 같은 스포츠, 요가와 같은 심호흡 운동 역시 효과적이다. 머리가 공의 움직임을 따라 계속해서 움직일 뿐만 아니라, 목이 움직이는 빈도수 역시 매우 높아져 장시간 정적인 상태로 인해 발생하는 목 부분의 잔주름을 옅게 만든다. 또한 요가 역시 특유의 호흡 빈도수가 피부 속 수분을 더욱 충분하게 만들어 피부 건조증을 해소하고 촉촉한 피부로 가꿔 준다.

피부까지 불어온 운동 열풍

　운동을 하기 위해 헬스장을 갈 때도 스킨 케어 자체를 소홀히 해서는 안 된다. 운동하기 전후 스킨 케어는 미용 효과를 높여준다. 이와 관련해 공유할 만한 몇몇 비법이 있다. 30분 이내의 간단한 운동은 많은 양은 아니지만, 분명 침대에 누워 있는 것보다는 많은 땀을 흘리게 된다. 산뜻함을 위해 운동 후에만 세안을 하는 것이 아니라 땀을 흘리기 전 꼼꼼한 세안으로 앞으로 흘릴 땀을 깨끗하게 만들어 주는 노력 역시 중요하다.

얼굴에 흐르는 땀은 피부 알레르기를 유발한다. 또한 운동 상태에서 피부는 모세혈관을 확장해 표층 피부를 상하게 한다. 색조 화장품을 사용한 경우, 산성의 땀이 색조 화장품과 한데 혼합돼 모공을 막고, 피부 알레르기 반응을 초래하기도 한다. 따라서 운동 전 꼼꼼한 클렌징이 필요하며, 운동이 끝난 후에도 땀이 마르며 얼굴에 세균이 번식할 수 있으므로 반드시 세안을 진행해야 한다.

운동하는 동안 피부의 신진대사는 매우 활발해진다. 피부 표면의 수분 역시 사라지므로 운동 전 보습은 필수. 얼굴에 유분기가 없는 젤 크림을 얇게 펴 바르면 피부의 수분 부족을 효과적으로 방지할 수 있다.

운동 직후 45분은 아무런 스킨 케어도 하지 않는 것을 추천한다. 이 시간에는 피부가 여전히 달아올라 있고 극심한 피로감을 느끼기 때문에 영양을 제대로 흡수하지 못한다. 따라서 이 시간에 에센스나 마스크팩으로 피부에 영양을 보충하는 것은, 자극적일 수 있고 '낭비'에 불과하다. 다만 미스트와 과채는 운동 중 피부 영양을 더해 줄 수 있다. 세계 각 국의 미네랄 워터로 만든 미스트 안에는 피부가 필요로 하는 미량 원소가 있으므로, 피부의 잃어버린 수분과 미네랄을 보충할 수 있고 땀의 산성을 희석해 준다. 채소와 과일 등 알칼리성 식품은 운동으로 인해 체내에 남아 있는 산을 제거하는 데 효과적이다.

PART **TWO**

엄마들의
스킨 케어 방법을 배워라

엄마의 스킨 케어는 나와 전혀 상관없다?
어떤 일이든 '정도'를 지켜야 한다. 철저한 자외선 차단 역시
세대를 떠나 누구나 지켜야 할 '정도'라 할 수 있다.

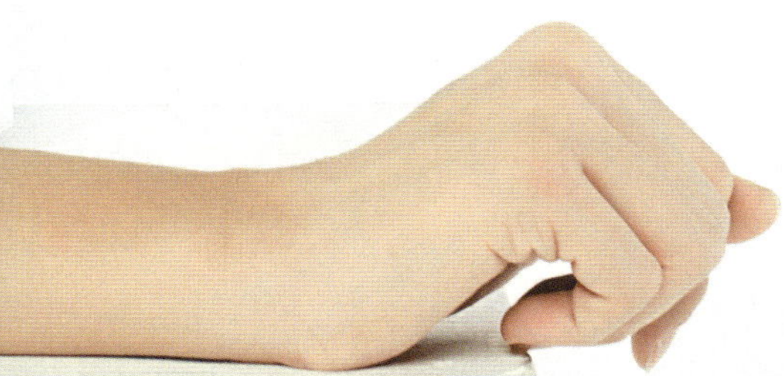

'욕조에 몸을 담글 시간'이다

　샤워 횟수는 스스로 선택할 것. 시간에 쫓기거나 매우 피곤한 경우 간단히 마무리하는 것도 좋지만, 제대로 된 목욕은 피부 관리에도 좋다. 모든 집마다 욕조가 있는 것은 아니지만 있다면 꼭 사용해 볼 것. 욕조는 작은 온천과도 같다. 수증기가 모공을 전부 열어 전신 혈액순환을 비교적 빠르게 만든다. 이때 마스크팩을 붙이면 더욱 효과적인 피부 관리가 가능하다.

　마스크팩을 미리 욕실에 가져가지 말고, 뜨거운 물에 몸을 담근 후

5분 정도 있다가 모공이 열렸을 때 사용할 것을 추천한다. 이 방법은 유효 촉진 성분을 원활히 흡수시켜 스킨 케어 효과를 높여 준다. 욕실 안에서는 젤 형태의 팩보단 종이 재질을 사용하는 것이 가장 좋다. 젤 재질은 욕조의 자욱한 수증기 속에서 떨어지기 쉽지만, 종이 또는 부직포 팩은 피부에 잘 달라붙어 공기가 통하게 해주기 때문이다.

다만 어떤 일이든 '정도'를 지켜야 한다. '욕조에 몸을 담그는 시간' 역시 길수록 좋은 건 아니다. 뜨거운 물속에 피부를 오래 담그면, 표피 지질층이 와해해 쉽게 건조해진다. 보디 케어 역시 너무 복잡하게 생각하지 말고, 지나친 오일류의 케어 제품을 사용할 필요 없이 보디 로션만으로도 충분하다. 수분을 유지하는 가장 이상적인 시간은 목욕 후 몸을 닦은 뒤 1분 이내다. 더불어 전부 흡수될 때까지 적절한 마사지를 병행하는 것이 좋다.

샤워 시간을 이용해 전신의 '각질'을 관리하자

　샤워의 주목적은 몸을 깨끗이 만드는 것이다. 샤워의 가장 큰 이용 가치는 전신의 각질을 제거할 수 있다는 것. 머리를 감고 가볍게 샤워를 한 뒤 스크럽 제품을 이용해 보자. 가벼운 마사지를 진행한 후 미지근한 물로 씻어내기만 하면 된다. 발바닥과 같이 피부가 다른 부위보다 몇 배, 심지어는 몇십 배 두꺼운 일부 부위는 단독으로 3~5분 정도 물에 담그면 좋다. 이때 물속에 적절한 양의 목욕 소금이나 아로마 오일을 넣으면 피부를 유연하게 만들어 줄 뿐만 아니라 각질 제거 효과까지 기대할 수 있다.

어떠한 방법을 사용하든, 어떤 제품을 선택하든지 보디 각질 제거 시간은 3~5분 정도로 조절하는 것이 좋다. 시간이 길어질 경우 각질 제거 효과가 현저하게 떨어지며, 피부에 자극을 주기 때문. 등과 종아리, 팔뚝과 같은 '길쭉한' 부위는 아래에서 위로, 엉덩이와 팔꿈치, 무릎과 같은 '둥근' 부위는 원을 그리며 반복적으로 마사지를 해주는 것이 가장 효과적이다. 샤워 중 번거로운 단계를 간소화시키고 싶다면 털이 부드러운 천연 섬유 '브러시'를 사용해 보자. 샤워 전, 앞서 언급한 '길쭉한, 둥근' 부위를 마사지 방법에 따라 가볍게 쓸어 주면 된다. 미국 영양학자 래드 제이슨은 매일 이렇게 전신 피부를 브러시하는 방법을 고수했는데, 88세의 고령에도 동년배보다 훨씬 탱탱하고, 검버섯도 없는 피부를 유지하고 있다. 물론 이는 진실 여부가 증명되지 않은 방법이므로, 스스로 적합한지 시도해 보는 것이 좋다.

자외선 차단에 대한 잘못된 생각들

많은 사람들은 스스로의 판단에 따라 잘못된 행동을 하곤 한다. 자외선 차단 역시 마찬가지. 본인이 그동안 자외선 차단에 대해 잘못 생각하고 있던 것이 없는지 체크해 보자.

Q. 피부가 타는 것이 걱정되지 않는다면, 자외선 차단제를 사용하지 않아도 되나요?

검게 그을린 듯한 피부를 좋아하는 이들은 피부가 타는 것이 걱정되지 않아 자외선 차단제를 사용하지 않아도 된다고 생각하곤 한다. 하지만 아무리 피부가 그을리는 것이 걱정되지 않더라도 상황에 따라 자외선 차단은 반드시 신경 써야 한다. 다이어트 약을 복용 중이라면 평소보다 높은 배수의 자외선 차단제를 사용할 것. 다이어트 약은 피부가 빛에 더욱 민감해지도록 만들기 때문. 이와 같은 원리로는 진정제와 혈압을 낮추는 약이 있다. 아무리 피부가 타는 것이 걱정되지 않더라도 '건강'을 위해서 자외선 차단제를 사용하는 것이 좋다.

Q. 자외선 차단제는 워터프루프 타입이니 마음껏 수영을 해도 되나요?

워터프루프 타입 자외선 차단제는 '내수성'이 있어, 물에 닿아도 어느 정도 효과가 안정적으로 유지된다. 하지만 수영을 하거나 땀을 흘린 뒤에는 사라지므로, 즉시 덧발라 주는 것이 좋다. 만약 병을 흔들었을 때 소리가 나는 워터프루프 자외선 차단제라면 사용 전 충분히 흔들어 모든 성분이 충분히 섞이도록 해야 완벽한 방수 효과를 기대할 수 있다.

Q. 수영할 때 물속에 몸을 담그면, 자외선 차단제를 발라도 씻겨 나갈 텐데 안 바르는 것이 낫나요?

피부는 물 안에 잠겨 있을 때 빛 반사 때문에 자외선을 배로 흡수한다. SPF30/PA+++ 이상의 고배율 자외선 차단제를 선택하고, 로션 타입의 자외선 차단제를 이용하면 '씻겨 나가는' 상황을 예방할 수 있다.

Q. 외출하지 않으면 자외선 차단제를 사용하지 않아도 되나요?

50%의 자외선은 양산을 관통한다. 유리 역시 마찬가지로 중파 자외선(UVB)만을 격리할 수 있으며, 장파 자외선(UVA)은 차단할 수 없다. 따라서 실내에 있어도 자외선 차단에 신경 써야 한다.

Q. 흐린 날에는 자외선 차단제를 사용하지 않아도 되나요?

90%의 자외선은 구름층을 관통할 수 있다. 다만 어둡고 무거운 구름층만이 일부 자외선을 저지한다. 그러므로 비 오는 날 멋을 위해 우산을 쓰지 않는 것은 큰 문제가 되지 않지만, 자외선 차단제를 바르지 않는 것은 문제가 된다.

차단해야 하는 것은 자외선만이 아니다

만약 하나의 자외선 차단 제품이 자외선 차단기능만 지녔다고 생각한다면, 브랜드의 과학기술과 구매력을 얕본 것. 오늘날의 자외선 차단 제품은 자외선 차단 기능 외에도 메이크업 전, 기초화장, 메이크업 베이스, 보습, 피부톤 업, 모공 커버 등 여러 기능을 겸비하고 있다. 많은 제품에는 SPF30 정도의 자외선 차단 기능으로 피부가 자외선 UVA와 UVB로 인해 손상되는 것을 보호한다. 또한 낮에 생기는 주요 노화 문제를 집중적으로 관리할 수 있도록 도와준다. 일부 메이크

업 베이스는 보습뿐만 아니라 강력한 자외선 차단, 피부 유전자 재조
정 기능을 한데 모아 가장 근원적인 부분에서부터 노화 과정을 방지
함과 동시에 자외선을 차단하고 광노화를 예방한다.

자외선 차단제는 햇빛을 '걸러내' 사용할 수 있다

오늘날 브랜드마다 독자적인 과학기술로 자외선 차단제를 개발하
고 있다. 햇빛 중 피부에 유익한 붉은 빛만 남기는 것은 물론, UVA와
UVB 등 피부 트러블을 초래하기 쉬운 광파를 차단하고 피부 방어 기
능을 높여 자외선 차단과 안티에이징, 보습 총 3가지 효과를 볼 수 있
기도 하다. 피부 세포 내 항산화 능력을 기르고, 자외선을 차단함과
동시에 손상된 피부를 회복시켜 피부 탄력 유지를 도와주는 아이템
도 있다.

자외선 차단과 기초화장 간의 애매한 게임

과거에 출시됐던 물리적 자외선 차단제는 백탁 현상이 심했다. 이는
이산화티타늄과 산화아연 같은 자외선 차단 성분들이 모두 흰색 가
루이기 때문. 현재 많은 파운데이션과 콤팩트, 메이크업 픽서 파우더
에는 자외선 차단 기능이 포함되어 있다. 신기술이 포함된 자외선 차
단 기초 메이크업 제품은 메이크업의 지속력을 높이기 위해 자외선
차단 지수가 매우 높지만, 질감은 절대 오일리하지 않다. 더불어 보습
또는 오일 컨트롤, 오일 흡수 성분을 추가해 피부 릴렉싱 기능도 어느
정도 보유하고 있다. 하지만 메이크업 제품만으로는 완벽한 자외선 차

단 효과를 기대하기 어렵다. 메이크업 전 자외선 차단 메이크업 베이스와 스킨 케어 제품을 모두 사용해야 한다. 이러한 기초화장 제품은 시각적으로 피부 수분 정도를 높여 주름을 옅게 만든다. 또한 일부 자외선 차단 파우더는 메이크업을 하고 있는 동안 순간적으로 모공을 감춰 주기도 한다.

완벽한 자외선 차단을 위한 테크닉

테크닉 1 20분 전에 미리 바른다

자외선 차단제는 최소 외출 20분 전에 발라야 한다. 제품 속 유효 성분이 피부에 흡수되는 데 일정 시간이 필요하기 때문. 외출하기 직전에 자외선 차단제를 바른다면 바르지 않는 것과 마찬가지다.

테크닉 2 자외선 차단제를 비비지 않는다

자외선 차단제 속 산화아연과 이산화타이타늄 등의 몇몇 성분은 이전의 스킨 케어 단계를 '밀리게' 만든다. 스킨 케어 성분이 완전히 피부에 흡수된 후 자외선 차단제를 바르면 이를 방지할 수 있다. 더불어 스킨 케어 시 끈적이는 젤 타입 스킨, 크림이 아닌 산뜻한 질감의 제품을 선택하면 된다. 또 자외선 차단제는 분자가 크므로, 바를 때 문지르기보다 가볍게 두드리는 것이 좋다. 자외선 차단제를 문질러 사용할 경우 메이크업이 밀리기 쉬우며, 모공을 막아 자외선 차단 효과가 떨어질 수 있다.

테크닉 3 자외선 차단제는 꼭 깨끗하게 지운다

자외선 차단제는 잠들기 전 깨끗이 지워야 한다. 만일 산뜻한 자외선 차단제를 발랐다면, 일반적인 클렌징 제품으로도 충분히 지워진다. 대표적으로 미스트 타입의 자외선 차단제를 예로 들 수 있다. 하지만 전용 클렌저를 사용해야 하는 제품도 있다. 아이, 립 컬러 메이크업을 제거하는 클렌저가 따로 있는 것처럼 자외선 차단제 전용 세안제를 써야 한다. 날씨, 장소 등 상황에 맞는 타입의 자외선 차단제와 클렌징 제품을 선택하도록 하자.

테크닉 4 지수를 읽는 방법을 배운다

아침에 비해 한낮의 UVB는 150배에 달할 정도로 강해진다. 그러므로 정오 때는 되도록 외출을 피하는 것이 좋다. 만일 밖에서 활동해야 한다면 최소 2시간마다 자외선 차단제를 덧발라 줄 것. PA+의 유효 프로텍트 시간은 대략 4시간이고, PA++는 대략 8시간이며, PA+++

는 오랜 시간 동안 유지가 된다.

자외선 차단 TIP

① 출퇴근 때에만 햇볕을 쐬는 직장인이라면 SPF15 정도의 제품이 적합하다.

② 빛에 특히 민감한 피부인 경우, SPF 값이 20인 제품을 추천한다.

③ 교외 활동, 수영, 야외에서 1시간 이상 작업해야 하는 경우, 자외선 차단제의 SPF 값이 30 이상이어야 한다.

④ 민감한 피부인 경우(피부 자체가 민감한 경우로, 2번째 빛에 민감한 경우와는 다른 경우인 것에 주의) 이산화타이타늄, 산화아연과 같은 성분을 포함한 물리적 자외선 차단제를 선택해야 한다. 최근 자외선 차단제의 스킨 케어 기술이 발달함에 따라 물리적 자외선 차단제와 화학적 자외선 차단제의 장점이 하나의 제품 속에 융합된 경우도 많다.

자외선 차단과 관련한 상식들

상식 1 메이크업 베이스를 바른 뒤 자외선 차단제를 바른다

　자외선 차단제와 메이크업 베이스 중 어떤 것을 먼저 사용해야 할까? 이에 대한 의견은 무척 분분하다. 먼저 자외선 차단제는 피부 관리 단계며, 메이크업 베이스는 컬러 메이크업의 첫 단계다. 반대로 자외선 차단제는 피부를 보호하는 가장 마지막 단계지만 메이크업 베이스는 컬러 메이크업의 첫 번째 단계이므로, 자외선 차단제를 사용한 뒤 메이크업 베이스를 사용하는 것이 좋다.

전문가의 표준 권장 사항은 메이크업 베이스를 바른 뒤 자외선 차단제를 바르는 것이다. 하지만 햇볕을 쬐는 곳에 갈 계획이 없거나, 야외에서 장시간 있는 경우가 아니라면 자외선 차단제와 메이크업 베이스를 하나로 합친 제품 하나만 사용해도 된다.

상식 2 피부 보습을 한 뒤 자외선 차단제를 바른다

자외선 차단제를 바르기 전, 보습크림을 발라 차단제와 피부가 직접 접촉하지 않도록 하자. 피부에 수분 공급이 돼 피부 자극이 줄어들기 때문. 피부는 높은 자외선에 노출되면 매우 건조해지고, 진피층 속 탄력 섬유가 손상돼 잔주름이 생긴다. 더불어 표피 세포, 활성티로시나아제가 손상을 입어 색소 합성이 가속화된다. 보습 성분으로 유명한 히알론산나트륨은 중량보다 200배 많은 수분을 유지할 수 있으며, 피부 장벽을 만들어 자외선 차단에 도움을 준다.

상식 3 음식으로도 자외선을 차단할 수 있다

자외선 차단에 도움이 되는 음식도 있다. 토마토, 수박, 키위 등은 자외선 차단제보다 효과가 오래 유지되며, 건강에도 좋다. 특히 토마토에 함유된 항산화리코펜 성분을 매일 16㎎ 이상 섭취하면 햇볕에 타는 위험 계수가 40% 낮아진다.

상식 4 다중 물리적 자외선 차단 방법

자외선 차단제를 바르는 것 외에 양산, 모자, 선글라스 등을 활용해도 좋다. 이럴 경우 얼굴이 가려져, 누군가가 갑자기 사진을 찍어도 걱정할 필요가 없어진다.

휴가철 자외선 차단은 필사적으로!

얼마 전 한 장의 사진을 보았다. 모래사장에서 한 무리의 어르신들이 마스크를 쓰고 수영하는 모습을 담고 있었는데, 언뜻 보기에는 분명 우스꽝스러워 보이는 모습이지만 사실 당연한 복장이다. 한 연구 결과에 따르면 일반인들이 햇볕에 노출된 시간이 5,000시간이 지날 경우 피부암이 발생할 수도 있다고 한다. 만약 이 연구 결과가 정확하다면, 햇볕을 쐬는 시간은 단지 여름철 햇볕만을 가리키는 것이 아니며, 생활 속 햇볕과 접촉하는 모든 시간이 포함된 것이다. 이에 햇볕을 쐬는 횟수가 많아질수록 5,000시간에서 공제되는 시간이 많아질 것이며 이 5,000시간을 다 공제하게 되면 매우 위험한 상황이 발생할 수도 있다.

야외에서 휴가를 보낼 때는 더욱 필사적으로 자외선으로부터 피부를 지켜야 한다. 기온이 높은 곳일수록 자외선이 강해지는 것이 아니니 이러한 부분은 정확히 짚고 넘어갈 것. 자외선은 발열하는 것이 아니다. 해변, 등산 또는 모래 스키와 같은 레저를 즐길 때, 시원하다고 느낄수록 자외선은 더욱 강력해진다. 시중에 판매되는 자외선 차단 로션은 SPF로 등급을 표시하는데, 숫자가 클수록 보호 기능이 오래 지속된다. 여행하는 사람에게 자외선 차단제의 역할은 매우 제한적이며, 많은 운동량으로 땀을 흘리거나 물과 접촉하는 활동을 할 경우 자외선 차단제가 피부 위에서 유지되는 시간이 짧아 자외선 차단 효과를 충분히 누릴 수 없다.

환경까지 생각하는 '아름다움'이 필요하다

　'환경보호'라는 단어는 많은 이들에게 '책임'이라는 뜻으로 받아들여
지며, 누구든지 돈을 내고 이와 관련된 행동을 한다. 인내심을 갖고
이해한다면, 환경보호에는 무조건적인 책임과 귀찮음만 따르는 것이
아니라 실질적인 이익을 동반하기도 한다. 이익을 얻으며 아름다운 행
동으로 지구를 도울 수도 있으니 이 얼마나 좋은 일인가? '환경보호는
모든 사람과 관련이 있다'라는 말을 다시 해석해 보면 '관련이 있다'는
말은 틀린 말이 아니지만, 모든 사람이 환경보호에 책임을 져야 하는

것이 아니라, 모든 사람이 환경보호 속에서 이익을 얻을 수 있다는 사실이다.

'환경보호를 통해 아름다워지자'는 말은 결코 빈말이 아니다. 한 방울 한 방울 소리 없이 적셔지듯 이익을 얻을 수 있다. 가장 큰 이익은 바로 돈을 절약할 수 있는 것. 예를 들어 아일랜드는 '비닐봉지 세금'을 징수하고, 이탈리아는 비닐봉지 생산 업체에 대해 '과세법'을 실행하고 있다. 중국에서는 현재 비닐봉지를 유료로 판매하는 가장 직접적인 방식을 사용하고 있다. 일부 화장품은 이중 구조 디자인으로 리필용을 판매하고 케이스를 재활용하고 있으며, 리필제품을 구매해 계속 제품을 사용할 수 있도록 하고 있다. 이러한 '리필' 방식은 분명 원가를 낮추고 판매가를 낮출 뿐만 아니라 쓰레기를 줄일 수 있어 많은 이익을 산출한다.

더불어 '환경보호' 스킨 케어 제품은 일반적으로 안심하고 사용할 수 있다. 지구의 안전과 피부 안전의 수요는 동일하다. 토양을 보호하는 메이크업 원재료의 재배 방법과 환경에 화학적 파괴를 초래하지 않는 제품 성분은 모두 천연 유기농 성분이다.

대부분의 메이크업 제품에 함유된 화학 첨가제와 저급한 방부제는 일정한 퍼센트로 피부에 흡수된다. 피부에 사용하는 화장품의 경우 위와 장, 간 등 인체 기관의 여러 층의 여과와 용해를 거치지 않으므로 유해 화학 성분이 더욱 치명적인 결과를 초래할 수 있다.

천연 유기농 제품을 선택하는 것은 피부를 책임지는 행동이다. 환경보호의 유기농 화장품 생산 과정은 모두 유독 물질 또는 금속오염의 영향을 받지 않은 환경에서 이뤄진다. 화학 합성 비료, 농약, 살충제 및 호르몬을 사용하지 않고 자연 생장에 가장 가까운 상태로 재배한 식물을 사용하는 것이 좋다. 또한 제품에 인공 향료, 색소, 다이메티콘 및 석화 생산의 성분을 추가하지 않고, 첨가한 방부제 및 계면활성제는 엄격한 제한을 받아야 하며 제조 과정 중 방사선 살균을 이용하지 않기 때문에 피부 건강을 지킬 수 있다.

휴가 중 피부 관리, 어떻게 해야 할까?

　완벽한 휴가를 즐기기 위해 호텔과 항공권 예약, 여행 정보까지 모두 찾아 두고, 짐도 다 꾸리고, 출발 날짜만 기다리고 있다면 이제 남은 것이 하나 있다. 바로 피부도 휴가를 즐길 준비를 하는 것이다. 많은 스킨 케어 브랜드에서 정기적으로 여행 세트를 출시하고 있지만, 여행을 가지 않을 경우 이 귀여운 제품들은 종종 '계륵'이 되기도 한다. 게다가 중간 사이즈에 가까운 크기라 다 쓴 후 리필해야 하는 것이 번거롭기도 하다. 하지만 눈길을 끄는 케이스와 테마 세트를 합쳐

보면 그 가격이 '정가'에 근접해 휴가 때 사용하기에 적절하다.

휴가는 피부에 '생활 방식'을 바꿔볼 기회로 여겨진다. '여행을 떠날 때는 모든 것을 간략하게'라는 생각을 피부와 연관시키면 잘 이루어지지 않는 경우가 대다수. 오히려 평소 집에서 잘 쓰지도 않았던 머드 마스크팩이나 필링 제품과 같은 스킨 케어 제품들을 적극적으로 사용하기도 한다. 어떤 경우에는 낮에 열심히 관광한 후 피부를 위해 '스페셜 케어'를 해줘야겠다는 생각이 들기도 한다. 피로를 풀려는 목적이겠지만, 결국 평소 피곤하지 않을 때보다 더 좋은 효과를 보게 되는 것.

그러므로 각자의 성향에 맞춰 에센스, 스킨 케어 제품부터 스페셜 케어를 위한 팩 등 여행 세트를 선택해 평소와 다르게 사용하자. 물론 여행에 온 정신을 집중해 다른 일에 신경을 쓸 수 없다면 기초 세트가 가장 좋은 선택일 것. 특히 보습은 가장 기초가 되는 전제이므로, 이 부분만 기억하면 휴가 내내 피부를 건강하게 유지할 수 있다.

SPA에 관한 테스트

　SPA는 스킨 케어와 관련이 있을 뿐만 아니라, 어느새 오락의 일종이 되었으며 심신 건강에도 도움이 된다. 평소 SPA를 즐기는 습관이 없더라도 여행할 때 SPA를 일정 중 하나로 즐긴다면 후회하지 않을 것이다. 물론 비싼 가격이 꺼려진다면 더 이상 할 말은 없겠지만 말이다.

　아래 '질문'들은 테스트를 위한 것이 아니다. 직접적으로 SPA 지식을 설명하는 것은 재미가 없기 때문에 퀴즈 프로그램에 참가한 것처럼 즐기면서 답하면 좋을 것이다. 정답은 제일 아랫부분에 있으니 스스로 점수를 매겨 보자.

1. SPA의 기원국은?

   A. 태국

   B. 벨기에

   C. 스위스

2. SPA 기원에 가장 근접한 시기는?

   A. 12세기

   B. 16세기

   C. 18세기

3. SPA의 원리를 아는가?

   A. 천연 수자원을 이용하고 목욕, 마사지, 아로마테라피를 결합하여 신진대사
   를 촉진하며 인체의 시각, 미각, 촉각, 후각과 의식을 만족시켜 준다.

   B. 온천욕으로 신경을 느슨하게 해주고 스트레스를 해소하여 피부를 아름답
   게 해준다.

   C. 천연 환경을 이용하여 심신을 릴렉스 시키고 고대 자연을 숭상하는 건강
   한 신앙을 전파시킨다.

4. 'DAY SPA'는 우리 주변에서 가장 유행하고 가장 간단한 SPA의 한 종류다. 그 의미는 무엇일까?

   A. 햇볕 아래에서 또는 낮에 하는 SPA를 말한다.

   B. 업무가 많고 생활이 바쁜 도시의 직장인들을 위해 전문적으로 생겨난 것
   으로 전문 케어와 마사지를 통해 얼굴 피부, 몸을 보호하고 심신 릴렉싱을
   추구하여 스트레스를 해소하는 것을 말한다.

   C. 24시간을 주기로 하여 매일 반드시 실시하는 SPA 테라피 과정을 말한다.

5. SPA 스타일과 세계 각국의 대응에 관하여 다음 중 잘못된 사항은 무엇인
가?

A. 태국, 인도네시아 등 열대해양기후 국가에서는 자연 요법을 숭상하고 정신
과 생리학의 협조를 중요시하며 독특한 향료를 처방에 추가하여 신비로운
색채를 더한다.

B. 미국, 호주 등의 호텔, 업소의 회원제 SPA 서비스는 바쁜 화이트칼라를 위
해 특별하게 만들어진 스트레스 해소 SPA 프로그램이다.

C. 유럽 국가들은 마사지를 주로 하고 온천욕을 보조로 하는 SPA 스타일이다.

6. SPA는 직업, 성별을 막론하고 모두가 즐길 수 있다. 하지만 연령 제한이
있다. 몇 살일까?

A. 만 16세 이상

B. 만 18세 이상

C. 만 20세 이상

7. 여성들이 SPA 요법을 즐기는 것에 영향을 주지 않는 상황은 무엇일까?

A. 생리 중인 여성

B. 임신 중인 여성

C. 갱년기 여성

8. 만약 얼굴 SPA를 일상적인 케어에 추가한다면 정확한 단계는?

A. 딥클렌징 → 얼굴마사지(마사지크림 또는 아로마오일) → 필링 → 보습류 마스
크팩 사용 → 스킨 → 아이크림, 크림, 립 크림 등 스킨 케어 제품

B. 딥클렌징 → 필링 → 스킨 → 얼굴 마사지(마사지크림 또는 아로마오일) → 보습
류 마스크팩 사용 → 아이크림, 크림, 립 크림 등 스킨 케어 제품

C. 딥클렌징 → 필링 → 얼굴 마사지(마사지크림 또는 아로마오일) → 보습류 마스
크팩 사용 → 스킨 → 아이크림, 크림, 립 크림 등 스킨 케어 제품

9. 다음 중 어떤 것이 'SPA Food'의 원칙에 부합하지 않을까?

A. 신선한 제철 과일을 사용하고 저지방, 저열량, 통밀, 채소를 주로 사용한다. 식품의 단위 칼로리를 제한하지만 엄격하지는 않으며 단지 양에 대해서 엄격히 규제한다. 다시 말해 고열량 식품을 먹을 수 있지만 소량만을 먹는 것이 가장 좋다.

B. 물을 적게 마셔 체중의 수분에 대한 부담을 줄여 준다.

C. 영양사와 충분히 소통한다. 다이어트를 하거나 즐겨 먹는 음식을 절제할 필요는 없고 저열량, 고영양 식품을 먹으며 식사 과정에서 즐거움을 찾는다.

10. SPA 기간 동안 음식물을 섭취할 수 없나?

A. 가능하다. 다만 간식을 휴대하는 것이 가장 좋다.

B. 불가능하다. 식사 후에 SPA를 하는 것이 좋다.

C. 불가능하다. SPA를 하기 1시간 전부터 음식물을 섭취해서는 안 된다.

11. SPA를 하는 동안 물을 마셔야 하나?

A. 마사지가 끝난 뒤 10분 후에 물 한잔을 마신다.

B. SPA를 하는 동안에는 물을 마실 필요가 없으며 SPA 전에 소량의 물을 마시고 SPA 이후에 약간의 물을 마실 수 있다.

C. 마음 내키는 대로 목이 마르면 물을 마시면 된다.

12. 만약 일행과 함께 SPA를 하러 갈 경우, 두 사람이 같이 서비스를 받을 수 있는 룸이 있을까?

A. 없다. SPA는 조용한 분위기를 중시함으로 그런 서비스는 제공하지 않는다.

B. 대부분 그런 서비스를 제공하며 전문적으로 구성된 서비스 프로그램도 있다.

C. 없다. 커플이 함께 SPA를 하면 마음이 분산되어 '오감'이 누리는 완벽한 명상과 환경을 깨뜨리기 때문이다.

정답

1. C   2. B   3. A   4. B   5. C   6. A

7. C   8. C   9. B   10. C   11. B   12. B

글로벌 SPA 여행에서 통용되는 10가지 영어 문구

1. 특별한 트리트먼트가 있나요?

What's your signature treatment?

2. ○○ 트리트먼트를 하고 싶어요.

Let me try the ○○ treatment.

3. 최근 정신이 불안정하고 수면장애가 있는데 추천해 주고 싶은 트리트먼트가 있나요?

I've got insomnia these days, would you please recommend a treatment just suit me?

4. 최근 자주 밤을 새워서 피곤하고 식욕이 없는데, 어떤 트리트먼트를 선택해야 하나요?

I stay up all these nights and got a bad appetite, please help me make a treatment for fatigue.

5. 티슈 좀 주실 수 있나요?

Pass me a piece of tissue.

6. 좀 추운 것 같은데, 온도를 올려줄 수 있나요?

I feel a little cold, could you please turn the temperature higher?

7. ○○○ 알레르기가 있으니 처방에 사용하지 말아 주세요, 감사합니다.

I'm sensitve to ○○○, please don't put it on me.

8. 더 세게(약하게) 해주세요.

Stronger(Softer) please.

9. 죄송한데, 화장실 좀 다녀올게요.

Sorry, I want to go to washroom.

10. 물 한 잔 주실 수 있나요?

Would you please give me a cup of water?

적은 양의 비는 맞아도 된다?

　적은 양의 비가 내릴 때 잠시 동안 우산을 쓰지 않고 마음껏 음이온을 들이마시는 것은 매우 상쾌한 일이다. 하지만 어떤 경우에는 비를 맞은 뒤 피부가 점점 더 불편해지기도 한다. 도시는 대기 오염이 심각하여 빗물 속에 보통 각종 오염 물질이 섞여 있는데, 특히 일부 부식성 물질이 섞인 비를 맞으면 자연스럽게 피부가 괴로움을 느끼게 된다. 더러운 공기는 빗물 속에 산성 황화물을 포함해 상대적으로 약하거나 예민한 피부를 가진 사람은 비를 맞은 후 간지러움을 느끼게 된다. 이런 피부병의 원인은 깨끗하지 않은 빗물이기 때문에 집에 돌아가서 바로 더러운 빗물을 씻어내고 보조적인 스킨 케어를 해주어야 한다. 이때 릴렉싱을 돕는 스킨을 사용하는 것을 추천하며 릴렉싱을 돕는 스킨 케어 제품은 비를 맞아 간지럽고 예민해진 피부에 좋은 역할을 한다.

만약 민감성 피부라면 비를 맞은 뒤 비누, 스크럽제, 필링 제품을 사용하는 것은 피해야 한다. 모공 속에 쌓인 때와 세균은 피부 알레르기를 일으키는 근본 원인이지만 철저한 클렌징으로 문제를 해결할 수 있는 것은 아니다. 일단 지나친 클렌징으로 피질층이 파괴되면 피부의 알레르기 증상이 심해질 수 있다. 그러므로 비를 맞은 뒤 밤을 새우는 등의 습관은 좋지 않다. 피부는 낮에 노폐물을 많이 배출하고 밤에는 영양 보충을 통해 피부를 자체적으로 복원하여 피부 세포를 정상적인 형태로 만드는 과정을 거친다. 밤 10시부터 새벽 4시까지는 피부 대사가 가장 왕성한 시간대이기 때문에 수면에 드는 것이 민감성 피부를 관리하는 데 좋다.

메이크업 베이스를 사면 누릴 수 있는 혜택

첨단기술의 발달로 인해 메이크업 베이스는 더 이상 메이크업과 더러운 공기로부터 피부를 보호해 주기만 하는 제품이 아니다.

메이크업 베이스에 각종 아데노신, 살리실산 등 세포에 직접적인 영향을 미치는 성분이 추가되었다. 이전의 메이크업 베이스가 자외선 차단이나 화이트닝에 대해 보조적인 역할을 했다면 오늘날의 메이크업 베이스는 직접 화이트닝 성분을 추가하여 효과적인 멜라닌 관리를 한다. 고효율 미백 성분을 추가하여 메이크업 베이스 자체적으로 멜라

닌 모세포에 직접 작용하도록 하여 멜라닌의 과도한 생성을 억제한
다. 심지어는 반점을 연하게 해줄 수 있기도 하다. 또한 일부 메이크
업 베이스는 유전자 과학기술을 접목하여 각종 유효 성분을 결합해
메이크업 베이스를 구매하는 금액으로 에센스 기능도 보유한 제품을
살 수 있다. 마일드하게 노화 각질 세포를 제거해 멜라닌 축적을 예방
해 주는 메이크업 베이스도 있다.

이익 1 항산화 안티프리라디칼

요즘 메이크업 베이스 성분 속에는 녹차, 비타민 E 등과 같은 풍부
한 항산화 성분 및 고농도 영양 공급 성분이 함유돼 있으며 피부 노
화를 예방해 주기도 한다. 다시 말해 메이크업 베이스를 구매하면 안
티에이징 제품도 함께 구매한 것과 같은 기능을 하는 것이다. 비록 메
이크업 베이스로 일정 정도의 억제를 하는 것이지만, 항산화 기능은
이미 명확히 구현됐다. 예를 들어 일부 메이크업 베이스 속에는 '해독'
기술이 접목되어 있으며 블루베리와 같은 '항산화 스타 성분'을 추가
하여 뛰어난 항산화 효과를 지니고 있다. 이로 인해 피부 산화로 피부
색이 어두워지는 노화 문제를 해결해 준다.

이익 2 메이크업 전 더욱 쉽게

인터넷 상에서 '자외선 차단제를 먼저 사용해야 하는지, 메이크업
베이스를 먼저 사용해야 하는지'에 대해 격렬한 토론이 종종 벌어지
곤 한다. 그러나 기술이 발달한 오늘날에는 메이크업 베이스와 자외

선 차단제의 기능은 하나로 통합된 상태이며 어떤 것을 먼저 사용할지 혹은 어떤 것을 포기할지는 각자의 기호와 습관에 따르면 된다. 사실 초기의 메이크업 베이스는 '메이크업 전 로션'이라고 불리며 파운데이션이 고르게 발리는 것을 돕고 모공을 감춰 파운데이션이 잘 표현되도록 해주는 제품이었다. 오늘날 이러한 메이크업 베이스는 대부분 글리세린류 유지 수화 성분을 포함하고 있어 산뜻하고 얇게 발리고 약간의 글리터와 형광 분말도 포함되어 있다. 또한 광반사 원리를 사용하여 보이지 않는 자외선을 볼 수 있는 옅은 피치색으로 만들어 혈색 좋고 투명한 피부톤을 표현할 뿐만 아니라 영양 성분도 포함되어 있어 피부 탄력에도 효과적이다.

'자매 같은 엄마?' 엄마를 이해하자

　만약 엄마가 사용하는 스킨 케어 제품이 딸이 사용하는 것과 완전히 동일해도 괜찮은지 물어본다면 대답은 '어떤 것은 괜찮고, 어떤 것은 괜찮지 않다'이다. 관리를 잘한 엄마들이 딸과 함께 외출했을 때 자매로 오인받는 일은 거짓말이 아니다. 나이 차이가 많이 난다고 해서 피부 나이 차이도 큰 것은 아니다. 몇 가지의 규칙을 준수한다면 자신의 화장대를 참고하여 엄마에게 적합한 제품을 준비해 줄 수도 있다. 서프라이즈로 선물하고 싶든지, 엄마와 '피부 나이로는 자매'가

되고 싶든지, 몇 가지 동일한 스킨 케어 제품을 함께 사용한다면 아래 표 내용을 완전히 이해할 수 있게 될 것이다.

3대 장점	
첫 번째	**엄마는 당신보다 바쁘지 않다** 빠르고 간편하게 스킨 케어를 할 수 있는 제품은 엄마에게 권할 필요가 없다. 엄마는 피부 관리에 많은 시간을 할애할 수 있기 때문이다. 엄마 피부의 경우 스킨 케어 제품을 혼합하여 사용하는 것이 전문가들이 줄곧 추천하는 방법이다. 기초 보습을 제외하고 피부의 주요 문제점에 따라 각기 다른 에센스를 혼합하여 사용할 수 있다.
두 번째	**엄마는 당신보다 '노는 것을 좋아하지' 않는다** 엄마는 술자리나 클럽 때문에 밤늦게 귀가하거나 스킨 케어를 하지 않고 서둘러 잠자리에 드는 일이 없다. 마스크팩, 에센스, 나이트크림을 마음껏 사용할 수 있을 뿐만 아니라 매일 저녁 특수한 마사지 방법을 사용하거나 마사지 스틱을 사용하여 피부의 윤곽을 다듬고 피부가 늘어지는 속도를 늦출 수 있다.
세 번째	**엄마는 당신에 비해 경험이 풍부하다** 자신의 피부 타입을 확실히 알고 자신에게 더욱 적합한 스킨 케어 제품을 선택하는 일에서 엄마가 더욱 능숙할 수 있다. 엄마들은 수십 년의 경험에 의존하여 약점을 보완한다. 그러므로 그녀들을 위해 화장품을 선택할 경우 독단적으로 선택하지 말고 우선 그녀들을 전문적으로 파악한 후 선택해야 한다.

3대 약점	
첫 번째	**갱년기는 혼란의 시기** 주름을 옅게 해주는 피부 영양 외에도 대부분의 엄마들은 '갱년기'를 겪게 된다. 호르몬이 신진대사와 정서에 미치는 영향은 매우 크다. 그러므로 스킨 케어 제품 외에 스피룰리나와 대두이소플라본과 유사한 영양제를 보충하여 신체 내의 호르몬 역할을 조절해 주어야 한다.
두 번째	**성숙하기도 하고 민감하기도 하다** 일반적으로 엄마의 피부는 셀프 방어 기능과 셀프 회복 기능이 상대적으로 약화되어 있으므로 안전하고 편안한 스킨 케어 제품을 선택해야 한다. 특히 스킨, 로션과 같은 첫 번째 피부 보습 제품은 이 부분에 있어 가장 중요하다.

엄마 레벨 스킨 케어 가치관

엄마들은 얼마나 많은 재산을 보유하였는지를 막론하고 몇십만 원을 지불하여 구입한 스킨 케어 제품이 '가치가 없다'고 종종 느끼기도 한다. 이런 상황에서 정면 승부하는 방법은 효과가 별로 없다. 자주 사용하는 방법은 우선 구매 후 가격을 거짓으로 알리는 것이다. 50만 원의 비싼 에센스를 구입한 후 저렴한 제품이라고 이야기한다면 엄마와 갈등을 겪지 않을 수 있다. 혹은 엄마에게 사위가 선물한 것이라고 하면 비싼 제품에 대한 엄마의 불만을 잠재울 수 있다.

3대 공유 협의

기초 보습 농도는 같지 않다

기초 보습류 제품은 원숙한 피부와 젊은 피부가 공통으로 사용하는 제품이다. 보습은 어떤 피부든, 어떤 연령대든, 매우 중요하기 때문이며 보습을 잘하면 피부의 기초 균형을 유지할 수 있다. 원숙한 피부는 나이가 듦에 따라 신진대사가 느려지고 피부 회복 능력이 감소하여 잔주름, 어두운 피부톤, 색소 반점 등과 같은 문제가 발생하게 된다. 추천할 만한 스킨 케어 규칙은 디테일한 케어를 중요시하는 것이다. 특히 눈가 잔주름, 팔자주름과 입가 잔주름을 특별하게 관리해 줘야 한다. 원숙한 피부는 리페어만 신경 쓰면 된다고 생각하는 건 금물이다. 기초 보습에 소홀해서는 안 되며 피부 심층 수분이 채워져야 이후에 사용하는 기능성 보습 화장품이 효과적으로 흡수될 수 있다. 예를 들어 많은 브랜드의 동일 유형의 스킨, 로션 또는 크림은 '산뜻한 타입'과 '촉촉한 타입'으로 나뉠 수 있으며 질감의 농도는 모녀가 함께 사용하도록 나누어진 것이다. '딸'이 '산뜻한 타입'을 선택하고, '엄마'가 '촉촉한 타입'을 선택하면 된다.

딥클렌징 빈도수가 다르다

클렌징 팩은 젊은 피부일 경우 1주에 2회 사용할 수 있지만, 원숙한 피부인 경우 1주에 최대 1회 사용할 수 있다. 즉, 엄마는 평상시 클렌징 횟수를 절반으로 줄여야 한다. 딥클렌징은 물리적인 당김이 많아 엄마의 원숙한 피부에는 적합하지 않다. 각질의 갱신 속도는 나이에 따라 각기 다르다. 일반적으로 기저세포층부터 각질층의 형성까지 약 2주가 소요되며 각질층이 표피를 형성하고 나아가 피부에서 떨어져 나가는데 2주의 시간이 소요된다. 원숙한 피부는 신진대사가 느려지고 피부 표층에 쌓인 노화 각질이 두껍게 축적되기가 더욱 쉬워 피부가 윤기 없어 보인다. 그러므로 각질 제거 제품은 '엄마'가 1주에 1회 사용하고, '딸'이 2주에 1회 사용하면 된다. 살리실산, 천연 효소 등 죽은 표피 성분을 분해하여 표피층을 깨끗이 해주는 성질이 부드러운 각질 제거 로션은 '모녀'가 함께 사용할 수 있다.

세 번째	**화이트닝은 부위를 나눌 수 있다** 사실 엄마는 '화이트닝'을 반드시 할 필요는 없지만 화이트닝을 포기할 필요도 없다. 화이트닝 제품을 사용할 때 목적을 확인하고 각기 다른 부위의 문제에 대한 화이트닝 제품 또는 화이트닝 아이 팩, 핸드 팩 또는 립 릴렉싱 팩과 같은 특수 부위 팩을 선택할 수 있다. 만약 화이트닝 제품이 리페어 기능을 겸비하였을 경우 자신과 엄마에게 효과적인 화이트닝 역할을 할 수 있다.

3대 안전 성분	
첫 번째	**비타민C** 수용성 물질로 진피 표피 결합부를 재건하여 콜라겐 섬유 생성을 촉진시킬 수 있다. 이밖에 강력한 프리라디칼 제거 능력을 갖추고 있으며, 신체 면역력에 없어서는 안 되는 성분이다.
두 번째	**히알루론산** 투명한 인체 천연 보습 성분으로 보습을 유지 하고 기타 활성 성분의 흡수를 촉진시킬 수 있다. 또한 진피 콜라겐과 탄성 섬유의 합성을 위해 좋은 환경을 제공하고, 노화 주름 흔적을 옅게 한다.
세 번째	**알부틴** 베어베리 잎에서 추출하고 체내 타이로시나아제의 활성 억제를 통해 멜라닌 생성을 저지할 수 있다. 피부 색소 침착을 줄이며 색소 반점과 주근깨를 제거함과 동시에 살균, 소염의 역할도 한다.

블랙헤드에 대한 종합적인 답변

사실 대부분의 여성들은 블랙헤드 문제를 갖고 있지만, 그 정도는 각각 다르다. 시중에 판매되는 접착력이 강한 대나무 숯 코팩은 블랙헤드가 많고 각질이 심각한 사람에게만 적합하며 매우 주의해서 사용해야 하므로 누구나 이 '강력한' 제품을 사용하는 것은 권장하지 않는다.

필자는 블랙헤드를 직접 처리할 때 주 1~2회 모공 발열 디톡스에 도움이 되는 마스크팩을 사용하여 우선 기름진 모공과 심층 노폐물을 제거한다. 마스크팩을 사용하면 모공이 깨끗해짐과 동시에 여드름이 직접 모공 위로 올라오며 이때 알코올로 소독한 더블헤드 스테인리스 압출 바늘로 피부 표면을 살짝 누르면 제거할 수 있다. 족집게를 사용하여 위로 올라온 화이트헤드를 뽑아낼 수도 있다.

일본의 각질제거봉은 펜 모양인데, 원형으로 디자인된 앞부분을 모공 청소가 필요한 피부에 조준하여 원을 그리면서 내리누르면 노폐물이 밀려 나오게 된다. 이때 주의해야 할 점은 여드름 제거 시 성숙된 여드름만 압출할 수 있으며 제거 후 반드시 깨끗하게 소독하고 잔여물이 없도록 압출해야 한다는 것이다. 민감성 피부인 경우 자극이 강한 성분과 뜯어내는 타입의 제품은 피해야 한다.

MCM
baby doll
KISS & BLUSH
YvesSaintLaurent
CLINIQUE
mascara extension visible

PART **THREE**

응급조치가 필요한

뷰티 포인트

우리가 흔히 알고 있는 미용 상식에 오류가 생기는 경우가 있다.
무심코 사용했던 방법에 문제가 있다면 빨리 바로잡아야
당신의 아름다움을 유지할 수 있다.

성분 연구는 유용한가?

　스킨 케어 제품에 어떤 성분이 들어있는지 파악하는 것은 매우 중요하지만, 전문적인 용어 때문에 대부분 사람들은 성분에 대해 잘 알지 못한다. 그럼에도 많은 사람들은 왜 '구매 전에 성분을 확인'하라고 계속 강조하는 것일까? 한걸음만 물러나서 말하자면, 스킨 케어에 있어 가장 중요한 것은 화학식을 찾아내 제품 속 성분을 이해한다기보다는 자신의 피부를 이해하는 과정이 필요하다는 것이다.

사실 씻는 부위는
머리카락이 아니라 두피다

두피를 닦을 때 머리카락을 피해서 닦을 수 있는 사람은 없다. 그러므로 중요한 포인트만 알고 있다면, 머리카락 관리를 소홀히 한다는 걱정은 할 필요도 없을 것이다.

필자의 원칙은 산뜻하고 실리콘 오일을 포함하지 않은 샴푸를 선택하는 것이며, 너무 촉촉하거나 미끄러울 필요는 없다. 실리콘 오일이 없는 제품은 머리를 감는 과정 중 사용감이 생각보다 좋지 않을 수 있다. 왜냐하면 실리콘 오일은 부드러운 느낌을 늘려 주는 성분이기 때문이다. 반면 실리콘 오일이 없는 샴푸는 사용했을 땐 촉감이 뻑뻑하다고 느낄 수 있고, 심지어는 '거품이 나지 않는다'는 착각이 들 수 있다.

그러나 이러한 샴푸를 사용해 머리를 감을 경우 효과는 매우 좋다. 머리를 감을 때 중요한 점은 사실 두피를 케어하는 데 있다. 모든 헤어 제품의 기능은 오일 컨트롤, 비듬 제거 등 두피를 케어한다. 머리카락 상태를 보면 머리를 감거나 감지 않았을 때를 판단할 수 있고, 사실 표면 활성제를 함유한 제품은 모두 머리카락을 세척할 수 있다. 하지만 머리카락이 두피에서 자라기 때문에 아무 제품이나 사용해서는 안 된다. 자신의 두피 특징에 적합한 제품을 선택해야 한다.

샴푸는 반드시 아침에 해야 하는 것은 아니다

중의학 이론에는 저녁에 머리를 감으면 '습기'가 머리를 통해 인체에 전해지기 쉽다고 했다. 여성들이 저녁에 머리를 감으면 다 말리지 못하므로 다음 날 머리가 마른 뒤 스타일이 완전히 망가지기 쉽다. 그러나 이 문제들은 충분히 해결할 수 있다. 저녁 식사한 지 1시간 이후나 잠자기 3시간 이전에 약 20분 정도 샤워를 하고 머리를 감으면 된다. 충분한 수면을 취한다는 전제하에 잘 때 두피에서 나오는 유지 분비량은 매우 적합하며, 이 유지는 약산성이라 두피와 머리카락을 보호한다. 아침에 빈번하게 머리를 감게 되면 일부 유지를 파괴할 수 있다. 겨울은 그런대로 괜찮지만, 여름철 기온이 높아 땀을 많이 흘리면, 두피에 세균이 번식하기 쉬워 두피는 일부 유지를 필요로 한다. 중요한 점은 충분한 수면을 보장하는 것이며, 만약 잠이 부족할 경우 두피 유지가 과도하게 분비될 수도 있다.

헤어 케어 제품 사용도 시기를 따져야 한다

　머리카락에 영양을 보충해 주는 제품은 일반적으로 두피가 반 정도 말랐을 때 사용해야 한다. 왜냐하면 이때 두피가 부드러워지며, 머리카락의 수분을 잡아줄 수 있기 때문이다. 그러나 헤어 영양 케어 미스트류 제품은 대부분 유성 물질이므로, 오일을 발랐을 때 머리카락 속 다량의 물과 서로 융합되지 않는다. 만약 헤어 케어 제품이 크림 타입인 경우, 머리카락이 절반 정도 말랐을 때 사용하는 것이 좋다. 크림 타입 헤어 케어 제품은 일부 활성제를 함유하고 있어 물과 오일이 융합되는 것을 돕는다.

반면 투명한 액체 타입의 헤어 케어 오일 제품은 절반 정도 마른 머리카락에 융합돼 머리카락을 보호해 주지 못한다. 만약 분사 꼭지가 없는 헤어 케어 오일을 사용할 경우 헤어 케어 오일에 '운반체'를 사용하는 것도 좋다. 예를 들어 비교적 산뜻한 저가의 크림류를 함께 섞어 머리카락에 바르면 머리카락에 균일하게 분포되도록 도와줄 수 있을 뿐만 아니라 유수분 융합에도 도움을 준다.

많은 사람이 '개미허리'가 되길 원한다

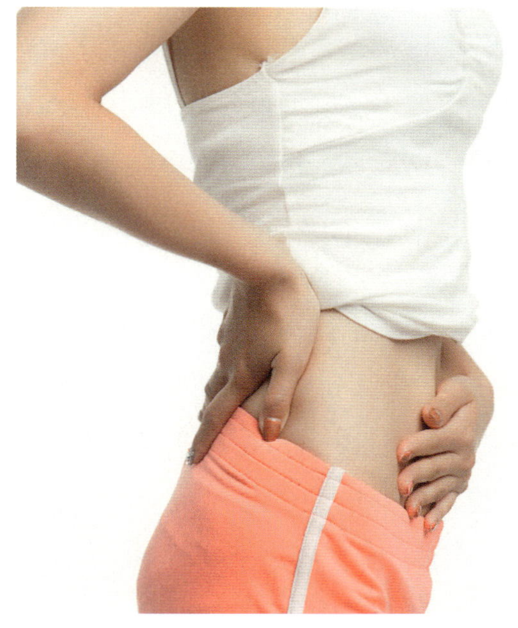

'개미허리'는 여성의 보디 라인에 굴곡이 있고, 허리와 복부가 가는 여성을 가리키는 말이다. 구체적인 측정 기준은 허리둘레와 엉덩이둘레의 비율이 0.8보다 작을 때이다. '개미허리'로 거듭나는 데에는 나이 제한이 없으며 각자의 방법만 있을 뿐이다.

20~30대는 평소 걸을 때나 서 있을 때 허리에 힘을 주고 복식 호흡을 함께하면 좋다. 처음 하루 이틀은 다소 힘들지 몰라도 오래 지속하면 허리 근육이 단단해져 손쉽게 다이어트 효과를 볼 수 있다. 평소 장시간 앉아 있는 경우, 등을 굽히거나 다리를 꼬지 않고 바른자세를

유지해야 한다. 단정한 앉은 자세는 맵시를 더욱 보기 좋게 해줄 뿐만 아니라 복부와 엉덩이의 긴장 상태를 유지해 엉덩이와 다리 라인을 가꿔 준다.

또한 품질이 좋은 보정 속옷을 선택할 수도 있다. 보정속옷은 겨드랑이 아래위, 복부, 허리, 등 신체 각 부위에 있는 불필요한 지방을 모아 정확하고 적절한 위치로 이동시킨다. 이에 보디라인에 볼륨감을 찾아 주고 다이어트 효과를 볼 수 있다. 주요 조절 방식은 등, 어깨, 겨드랑이 아래의 군살을 앞가슴 쪽으로 모아 가슴 형태를 둥글고 풍만하게 해주는 방법이다. 등, 허리에 대한 디자인을 통해 몸매를 구부정하지 않고 늘씬하게 만든다. 힙업 팬츠는 엉덩이의 군살을 타이트하게 조여 보정 속옷과 함께 착용하면 허리 복부와 허벅지 군살을 엉덩이로 이동시킬 수 있다.

40대 이상은 특별한 운동 수단을 이용해 허리를 가늘게 하는 목적을 달성하는 것을 추천한다.

허리를 가늘게 하는 운동

❶ 복식호흡법을 이용한다

복식호흡법은 사실 간단하다. 숨을 들이마실 때 복부가 팽창되고, 숨을 내쉴 때 복부가 수축된다. 시작한 지 얼마 안 됐을 때는 익숙하지 않지만, 습관이 되면 위장 연동에 자극을 주고, 체내 노폐물 배출을 촉진시키는 데 도움이 되며, 또한 기류를 원활하게 해주고 폐활량을 늘려 주는 완전식 호흡이다.

❷ 운동할 때 어깨를 들어 올리며 호흡한다

체내 기압을 낮추면 복부 근육이 충분히 운동하고 복부의 운동을 책임진다.

❸ 껌을 자주 씹지 않는다

껌을 씹게 되면 공기를 많이 먹어 배가 팽창되고 튀어나온다.

❹ 하이힐을 신는다

하이힐을 신으면 더욱 늘씬해 보인다. 다만 걸을 때 배에 힘을 주는 것을 잊지 말아야 한다.

❺ 흑차를 마시는 것이 복부 지방을 줄이는 가장 적합한 방법이다

차 속에 함유된 비타민 B1은 지방을 충분히 연소시켜 열량으로 전환시킬 수 있는 필수 물질이다. 미생물에 의해 발효가 진행되는 후발효차, 흑차(黑茶)는 복부 지방이 늘어나는 것을 억제시키는 데 현저한 효과가 있으며 발효 과정 중 푸눠얼(普诺尔) 성분을 발생시키므로 지방 축적을 방지하는 역할을 한다. 흑차를 활용해 허리 사이즈를 줄이려면 막 끓인 진한 차를 마시는 것이 가장 좋다.

허리 부위 혈 마사지

복부 마사지는 단순하게 배를 문지르는 것이 아니라 기본 혈을 정확히 찾아 마사지를 해야 적은 노력으로 많은 성과를 볼 수 있다.

• 중완혈(中脘穴)
복부 정중앙선 배꼽 위 약 4인치 위치다.

- 수분혈(水分穴)

  복부 정중앙선 배꼽 위 약 1인치 위치다.

  (수분혈 마사지는 체내 잔여 수분을 배출하고 부종을 예방하는 데 도움을 준다.)

- 기해혈(气海穴)

  복부 정중앙선 배꼽 아래 약 1.5인치 위치다.

- 관원혈(关元穴)

  복부 정중앙선 배꼽 아래 약 3인치 위치다.

  (기해혈, 관원혈 마사지는 식욕을 효과적으로 억제시켜 복부 지방의 균일한 분포에 도움을 준다. 천추혈을 마사지하면 소화, 가스 배출, 위장 연동 촉진, 노폐물 배출에 도움이 될 뿐만 아니라, 복부 군살을 없애는 데에도 효과를 볼 수 있다.)

- 수도혈(水道穴)

  배꼽 아래 약 3인치 위치, 관원혈 좌우 양측에서 양쪽으로 약 2인치 떨어진 위치다.

- 천추혈(天枢穴)

  배꼽 좌우 양측에서 약 2인치 떨어진 위치, 좌측 천추혈을 중심으로 한다.

혈 마사지 방법 및 시간

DID YOU KNOW?

매일 아침저녁 침대 위에 반듯하게 누워 우선 윗배에서 아랫배 쪽으로 3~4회 밀어낸다. 그리고 다시 차례대로 6개 혈을 마사지한다. 이때 모든 혈은 각각 2분 정도 마사지해야 한다.

눈앞의 성공과 이익에만 급급한 사람에게
바치는 선물

　　응급조치 역시 일종의 스킨 케어 방법이다. 왜, 이렇게 말하는 것일까? 인생의 중요한 순간 중 좋은 피부는 자신을 위한 것만은 아니다. 예를 들어 모델이 패션쇼 무대에 오르거나, 신부가 결혼식을 올릴 때 피부 트러블은 '응급조치'를 필요로 한다. 많은 사람들은 이런 중요한 날을 앞두고 자체적으로 응급조치를 한 경험이 있을 것이고, 이러한 과정의 응급조치는 이미 스킨 케어 방법으로 거듭났다. 그러므로 피부 응급조치를 부득이한 상황으로 여겨서는 안 되며 효과가 빠른 스킨 케어를 고집하는 것은 자연스럽다. 기회를 이용해 스킨 케어 방식과 개념을 정리할 수 있고 '응급조치'를 통해 자신의 피부를 새롭게 인식하거나 더욱 깊게 이해할 수 있다. 더불어 어떤 것이 자신에게 적합한 스킨 케어 제품인지 공부할 수 있다. 빠른 효과를 추구하는 것은 눈앞의 성공과 이익에만 급급해 일을 그르치는 것을 의미하지 않는다. 예를 들어 평소에 '아직 30세가 되지 않았으니 영양분이 풍부한 보양 제품을 사용할 필요가 없다'고 생각하는 경우가 이에 해당된다.

노란 피부 순간 공략

'노란 피부'를 순간 공략하는 주요 원리는 멜라닌과 노화 세포의 대사를 촉진하는 것에서부터 시작된다. 밤을 새우는 것 역시 대사에 영향을 미치며 이때 '피부의 노란기를 줄이는 것' 역시 여름철 화이트닝을 위해 큰 공헌을 한다. 밤을 새우는 것은 피부 수분 유실을 피하기 가장 어려운 것이며, 이때 가장 추천하는 것은 수분 마스크팩이다.

누구나 보습 마스크팩을 붙이는 것이 가장 효과적인 응급처치 방법이라고 알고 있다. 마스크팩은 단시간 피부에 수분을 공급해 줄 수 있다. 특히 요즘 가장 유행하는 화이트닝 제품은 효과가 탁월하다. 자신이 신뢰할 수 있는 스킨 케어 제품을 선택해 쉽게 건조해지고 어두워지는 눈가와 입 주위에 반복적으로 펴 발라 정성껏 케어할 수 있다. 쉽게 건조해지는 두 뺨은 볼 터치를 하는 것과 상반되는 방식을 사용한다. 두 배의 양을 바른 뒤 손바닥 전체로 피부에 남은 스킨을 가볍게 눌러 피부에 충분히 흡수되도록 돕는다.

부종 순간 공략

부종이 생기는 데는 여러 원인이 있는데 크게 두 분류로 나눠진다. 하나는 체질로 인한 것이며, 다른 하나는 밤을 새워서 생긴다. 자기 전 얼굴 혈을 누르면 눈 주위의 부종을 예방할 수 있다. 찬죽(攢竹, 눈썹 안쪽 끝 오목한 곳으로 정명(睛明) 바로 위쪽에 위치), 승읍(承泣, 앞을 똑바로 보고 있을 때 동공 바로 아래로서, 안구와 눈확아래모서리 사이에 위치), 사공죽혈(絲空竹穴, 눈썹 바깥측에 위치한 혈) 등을 포함한 미간, 눈썹 중간 및 눈썹꼬리 부분의 혈은 부종과 눈의 피로를 해소해 주는데 뚜렷한 효과가 있다. 사실 모든 혈의 구체적인 위치를 기록할 필요는 없으며 자기 전 크림 또는 아이크림을 바를 때 집게손가락과 가운뎃손가락을 사용하여 미간에서 눈썹꼬리, 태양혈 방향으로 천천히 눈썹을 20회 정도 쓸어 주면 다음 날 아침 눈 부종을 예방할 수 있다.

만약 시간이 충분하다면 냉찜질을 추천한다. 찬물에 수건을 적신 후 눈과 태양혈, 양 뺨, 목 등 부위에 수건을 3~5분 동안 올려둔다. 차가운 물은 피로를 해소시켜 주고 윤기 있게 만들어 주며 눈 부종으로 인한 애교살과 다크서클을 효과적으로 예방할 수 있다. 만약 아침에 눈 부종을 처리해야 한다면 더욱 강력한 방식을 사용해도 된다. 얼음을 눈 위에 몇 분 동안 올려두고 눈썹꼬리부터 약손가락을 이용해 7~8회 반복하여 눈 주변을 가볍게 누르면 부종 제거에 좋을 것이다.

여드름 피부 순간 공략

밤을 새워서 컴퓨터를 사용할 경우 피부가 장시간 공기의 부유분진과 형광등 불빛에 노출되는 환경에 놓인다. 이에 모공이 막혀 호흡이 불가능해지므로 정상 수면 시간 동안, 다시 말해 밤 11시 이전에 딥클렌징을 해주는 것이 좋다. 왜냐하면 이 시간이 피부의 황금 보양 시간이기 때문이다. 클렌징 이후 스킨, 에센스 나이트크림을 함께 사용할 경우 설령 잠을 잘 수 없더라도 영양분을 보충할 수 있다. 특히 디톡스 리페어 기능을 지닌 에센스 나이트크림은 발랐을 때 1분 이상의 간단한 마사지를 함께 해주면 혈액순환을 촉진시키고 세포 대사 활력을 높여주며 피부 독소 노폐물을 제거할 수 있다. 중요한 점은 밤 11시 이전에 에센스를 바른다는 것이다. 이는 에센스 속 영양 성분이 최대로 발휘되도록 돕기 때문이다. 나노미터 침투 기술 또는 여러 식물 에센스를 함유한 나이트 리페어 에센스는 피부 깊숙이 침투될 수 있어 세포 활력을 강화시켜 주고 대사 순환을 촉진시킨다. 마치 피부 속에 보이지 않는 세포 모터를 이식한 것처럼 영양 성분이 모두 흡수된다.

안티에이징, 화이트닝, BB크림은 크로스 오버 응급조치가 가능하다

항상 보습에 신경을 쓸지라도 평소 안티에이징 제품을 사용하지 않으면 안 된다. '나이가 들어야만 안티에이징'을 해야 하는 것이 아니라는 점이다. 안티에이징 보양 제품은 '안티에이징'이라는 글자가 적혀 있지만 실은 예방할 수 있는 것이 매우 많다. 대부분의 안티에이징 스킨케어 제품은 단백질 보충, 피부의 노란기 제거, 보습의 기능을 겸비했다. 안티에이징이 가능하다는 것은 당신의 마른 주름, 어린 주름 심지어 완고한 주름을 펴주는 효과를 준다는 것이다. 더구나 일정한 보습효과 역시 필수 부가가치다. 패션쇼 한 번에 3만 달러(한화 3,400만 원)를 번다는 지젤 번천(Gisele Bundchen)은 수분 부족으로 인해 잔주름이 나타나기 쉽다고 주장했고, 그녀는 어떤 상황에서도 첨단기술 안티에이징 스킨 케어 제품을 매우 신뢰한다. 더불어 그녀는 주름 방지와 리페어 강화 제품은 피부 콜라겐 생성을 통해 주름을 당기고 흔적을 제거하는 빠른 회복에 도달할 수 있다고 생각하며 이것이 그녀가 빡빡한 스케줄 이후에 가장 먼저 하는 스킨 케어 방법이다.

오늘날 화이트닝 제품은 대부분 부드럽고 안전한 처방을 사용했기에 '피부가 까맣지도 않은데 화이트닝 제품의 자극을 받을 필요가 없다'고 고민할 필요가 없다. 화이트닝 효과에 필요한 보습, 항산화 기능이 한 병의 화이트닝 제품 속에 담겼으며, 어떤 기능은 화이트닝 목적에 도달할 수 있을 뿐만 아니라 피부를 긴급 구제하는 데 있어 필수다. 소문에 따르면 수많은 국제 브랜드의 모델로 활약하고 있는 미란다 커(Miranda Kerr)는 민감성 피부라고 알려졌다. 더구나 피부가 지나치게 연약한 데다 메이크업과 클렌징을 자주 하기 때문에 피부의 각질층이 비교적 얇지만, 화이트닝 제품을 사용하여 스킨 케어 하는 것을 꺼린 적이 없다고 한다. 그녀의 선택 원칙은 릴렉싱 또는 화이트닝 효과가 있는 크림을 선택하고 패션쇼에 서기 전날 밤에도 안티에이징 효과가 있는 로즈힙오일을 반드시 사용한다는 것이다.

각종 '알파벳 크림'이 큰 인기를 얻고 있고, 주인공격인 BB크림은 여러 브랜드에 의해 끊임없이 업그레이드되고 있다. 이러한 제품은 이미 메이크업 전 사용하는 제품일 뿐만 아니라 최초 탄생 시 컬러 메이크업의 첫 단계이자, 스킨 케어의 마지막 단계로 되돌아갔다. 나아가 스킨 케어의 성분이 많아질수록 첨단 스킨 케어 요소도 추가됐다. 그러나 이는 장식의 기능을 겸비하므로 피부 응급조치가 우선적으로 이뤄져야 한다. 일부 피부 손상은 본래 빈번한 메이크업 또는 메이크업 변경으로 인한 것인데 컬러 메이크업으로 가린다고 빠른 회복 목적에 도달할 수 있을까? 그러나 BB크림은 이전의 제품을 발전시켜 스킨 케어와 컬러 메이크업의 순서를 연결시킬 뿐만 아니라 스킨 케어와 컬러 메이크업 간의 모순된 요구를 손쉽게 해결했다.

기존의 응급조치는 여전히 존재한다

피부 손상 이후의 빠른 회복을 언급하자면 가장 먼저 생각나는 것은 바로 각종 에센스, 리커버리 크림, 스킨 필링, 꿀과 같이 피부를 복원시킬 수 있는 집중 케어다. 만약 가장 바쁘고 피곤한 때에 이를 소홀히 한다면 그 결과를 어떻게 감당할까? 이러한 집중 케어 제품은 대부분 블랙 캐비어, 블랙 허니 등과 같은 고농도의 보양 성분으로 강한 천연 원료를 함유한다. 겔랑(GUERLAIN) 아베이 로얄 허니 케어 시리즈의 골드 리페어링 허니와 라프레리(la prairie) 블랙 캐비어 퓨어 화이트 시리즈는 모두 뛰어난 제품이다. 이 제품들은 양약과 마찬가지로 피부 특징을 파악해 요구를 빠르게 만족시켜 주고 가장 짧은 시간 내에 신속하게 영양을 주입한다. 슈퍼모델들이 패션쇼에 오를 때 피곤한 상태에도 아름다운 광택을 잃지 않도록 해야 하는 것처럼 기존 집중 보양은 가장 직접적인 선택이다. 또한 설화수 자정 시리즈와 같은 보양 제품도 이러한 유형의 제품 속에 한의학 요소를 추가했다. 에센스와 유사한 집중 보양 제품들은 피부에 많은 단계를 들여야 하는 것이 아니라 기본적으로 원스톱 집중 보양을 가능케 한다. 우리가 해야 하는 것은 자신에게 적합한 제품을 선택하는 것이다.

PART **FOUR**

아름다운 피부에 대한
진실과 거짓

좋은 피부는 첫인상을 호감형으로 만들어 준다.
이것은 다른 사람을 매료시키는
아주 훌륭한 매력이 되기도 한다.

별자리에 따른 스킨 케어는
터무니없는 소리?

상대적으로 '전문적인' 메이크업 애호가가 별자리 요소를 언급하는 것에 대해 어떻게 생각하는가? 메이크업은 본래 엄숙하고 심각한 것이 아니다. 더불어 어색한 분위기의 사교 파티에서 모두가 즐길 수 있는 화제는 날씨와 별자리다. 그만큼 별자리는 누구에게나 익숙한 화제다. 어떤 메이크업 잡지는 '별자리 화이트닝 프로젝트', '12자리 별자리별 스킨 케어 관념' 등 별자리와 메이크업을 합친 내용을 게재했다.

더구나 또 다른 뷰티 브랜드는 '별자리별 향수 매칭', '별자리 스페셜 마스크팩'을 출시하기도 했다.

메이크업 스킨 케어에 있어 별자리는 터무니없는 소리인가?

간단히 말해서 전 세계인의 피부를 간단하게 건성, 지성, 복합성의 3가지로 나누는 것에 비해 지구인의 성격을 12가지 별자리로 나누는 것이 나을 수도 있다. 피부 타입과 별자리는 여성에게 보편적인 참고 사항을 제공하며 오히려 별자리는 재미까지 더한다. 메이크업과 별자리가 결합했을 때 재밌고 유용한 정보를 얻을 수 있다. 먼저 본인의 별자리 성격에 따라 피부 케어를 하고 별자리에 따른 메이크업 제품을 고를 수 있다.

양자리, **사수자리**와 **사자자리**는 조심성 없는 성격으로 디테일한 부분에 약하다. 조급한 성질은 내분비 장애, 피부 수분 부족의 원인이 되며 이로 인해 피부 당김 현상, 모세혈관 파열 등이 나타난다. 이에 안전하고 자극 없는 마일드한 제품을 사용하면 좋다. 더불어 '해열' 처리에 도움이 되는 제품을 선택하면 더욱 윤기 나는 피부를 얻을 수 있다.

물병자리와 **물고기자리**는 외모를 중시하고 자신에 대한 타인의 의견을 중요시한다. 이어 늦겨울과 초봄에 태어나 피부가 얇은 편이라 쉽게 예민해진다. 이에 화학 성분이 적고 천연 성분이 함유된 유기농 스킨 케어 제품을 사용하는 것이 적합하다.

천칭자리와 **게자리**는 다소 돈을 숭배하는 경향이 있어 제품을 선택할 때 브랜드와 가격을 중요시하는 편이다. 걱정이 많고 예민한 성격으로 인해 팔자주름, 미간 찌푸림, 입술 깨무는 버릇 등이 생기기 쉬워 주름 제거 제품을 선택하면 좋다. 더불어 향기가 함유된 제품을 선택하면 근심 걱정 해소에 도움을 준다. 세련된 향이 나는 스킨 케어 제품 또는 희귀한 성분을 함유한 안티에이징 제품을 추천한다.

황소자리, 처녀자리, 전갈자리, 염소자리는 완벽함을 추구하는 까칠한 성격으로 규칙적인 생활에 능하다. 스킨 케어에 있어서는 장기적으로 효과를 보는 것을 중시하므로 중의학류, 마사지류 제품이 적합하다. 다만 에센스 또는 마스크팩을 지나치게 사용하면 오히려 피부에 부담이 될 수 있으니 주의해야 한다.

트렌드를 추구하는 **쌍둥이자리**는 말하기를 좋아한다. 이에 항상 립글로스를 휴대하는 것이 좋으며 보습 케어에도 신경 써야 한다. 왜냐하면 수다스러움 때문에 체내와 피부에서 유실되는 수분의 양이 배가 되기 때문이다.

효소, 피부의 회복약이라 할 수 있다

만약 세상에 '회복약'이 있다면 이미 생긴 '나쁜 결과'를 만회하고, '여성들에게 가장 주목받는 스킨 케어 과학 기술' 1위를 차지할 것이다. 효소는 이미 침전된 검은 반점을 완화하고 이미 형성된 주름을 개선시킨다. 더불어 이미 넘치는 유지와 죽은 피부를 관리하는 효과는 더욱 뛰어나다.

효소는 대체 어떤 것인가?

스킨 케어 제품에 사용되는 효소는 일반적으로 식물 또는 미생물에서 나오며 일종의 생체 촉매제다. 더불어 효소는 피부 세포에 신선한 영양을 흡수하며 오래된 노폐물을 배출하는 신진대사 과정 중 중요한 촉매제 역할을 한다. 피부 세포뿐 아니라 어떤 생명일지라도 체내에 수천 가지 대사 반응을 하며 끊임없이 활동한다. 모든 신진대사는 전속 효소가 있으므로 인체 내 효소는 수천 수백 가지가 된다. 효소는 온도에 매우 민감하며 열이 나서 체온이 올라갈 때 효소 계통이 영향을 받는다. 이에 수분이 부족하고 피로한 상태가 된다.

어떤 피부 타입의 '회복약'인가?

1. 지방 분해류 효소

유지 분비가 왕성해 효소를 통해 피부의 잔여 유지를 분해하고 모공이 막히는 것을 예방하며 '번들거리는 피부'를 회복시킨다.

2. 항산화류 효소

프리라디칼(활성산소)로 인해 산화로 인한 피부 손상을 억제하고 피부 노화 속도를 지연시키며 이미 생긴 노화 현상인 주름진 피부를 회복시킨다.

3. 단백분해류 효소

각질 대사 불량, 멜라닌 피부에 대한 흡수가 원활하지 않은 경우 등 누렇게 변한 피부를 회복시킨다.

피부 대사산물 분해의 명수

얼마 전부터 스킨 케어 달인들이 웹사이트에서 '스모그'가 피부에 미치는 영향에 대해서 흥미진진하게 언급했다. 구름과 안개가 걷힌 후 피부가 자동으로 매끄러워진다고 하는데 사실 그렇지 않다는 것을 우리 모두 알고 있다. 미세먼지가 피부에 의해 '흡입'되는 것이 아니라 얼굴의 유지 분비가 왕성할 때 클렌징 빈도수가 유지의 생성을 따라잡지 못해 피부 표면이 공기 중 자욱한 미세먼지와 떨어져 나온 피부 찌꺼기에 의해 오염되기 쉽다. 더불어 모낭 입구를 막아 여드름, 블랙헤드 등 각종 피부 트러블을 초래한다.

피부의 대사 노폐물 및 먼지를 제거하는 과정은 효소 성분의 역할을 원활히 만든다. 피지 제거 측면에서 단백질 분해 효소, 지방 분해 효소의 특수한 위력이 모낭 안의 피지를 포함한 피부의 때를 깨끗하게 제거할 수 있다. 더욱 중요한 것은 효소가 피부 세포에 활력을 제공하고 신진대사를 가속화시킬 수 있다는 점이다. 이러한 딥클렌징, 모낭 청소, 노화 각질의 마일드한 제거와 같은 효과로 인해 효소는 로션과 클렌징 마스크팩에 자주 사용된다. 예를 들어 클렌징 케어에 대해 처녀자리처럼 결벽증이 있다면 효소가 들어간 제품을 선택해 셀프 케어를 하는 것도 무방하다.

에센스로 아름다운 피부를 가꾸고자 하는 갈망을 이루다

멜라닌의 형성은 효소와 밀접한 관계가 있다. 햇볕이 피부를 검게 만드는 것은 자외선이 피부 기저층 색소 모세포 중 티로신 효소를 활성화시키기 때문이다. 그러므로 결자해지가 필요하며 이미 검게 된 피부를 '화이트닝'시키려면 침전된 멜라닌을 분해시켜야 한다. 효소는 침전된 멜라닌에 직접적으로 작용해 멜라닌을 천천히 분해시킬 수 있다. 또 효소는 혈액순환을 강화시킬 수 있고 효소를 함유한 스킨 케어 제품은 피부를 균일하고 투명하게 유지할 수 있다. 이것이 현재 화이트닝에 대한 정의다. 효소가 검은 반점에 대해 이러한 역할들을 하므로 안티에이징 측면에서 효소의 역할은 전면적이다.

또한 효소는 피부 세포 신진대사를 크게 촉진시키므로 이미 형성된 여드름 흔적과 주름에 대해 '복원' 역할을 한다. 더구나 피부를 장시간 촉촉하게 유지해 주고 주름 발생을 예방한다. 그러므로 안티에이징 제품에 효소 성분을 첨가하는 것은 가승 효과에 사용될 뿐만 아니라 안티에이징의 주력 무기가 된다. 그러므로 여러 유명 브랜드의 에센스류 제품들이 효소를 포기할 수 없는 것이다.

효소는 어떤 고급 사용법이 있나?

1. 자극법 피부 자체를 자극시키는 효소

일부 브랜드의 스킨 케어 제품들은 제조법에 주류를 사용하기도 하는데 이는 피부의 자체적인 시스템 속 효소를 활성화시키기 위해 세포 대사 절차를 수정한다. 더불어 세포가 더욱 빠르게 피부 표면에 생겨나도록 하며 피부의 천연 활동 밸런스를 유지시켜 준다.

`2. 항자극법` 자극을 할 수도 있고 자극을 방지할 수도 있다

효소는 신진대사를 자극하고 촉매 작용을 할 수 있을 뿐만 아니라 '항자극 진정 인자'로도 사용될 수 있다. 일부 브랜드의 스킨 케어 제품들이 항자극 효소를 사용하였고 반복성 색소 반점에 대한 저항력을 제고시켜 줄 수 있다.

황금이 옥과 같은 피부를 만들어 줄 수 있나?

황금은 고가이지만 실제로 스킨 케어에 도움이 될 수 있다. 다음 내용이 그 증거들이다.

화학적 증거 **황금은 항산화의 명수다**

황금은 자체적으로 해독, 진정, 면역력 강화, DNA 활성화, 청결 및 주름 제거의 기능을 보유하고 있는 불활성 금속의 한 종류로 강력한 항산화 특징을 지니고 있다. 외부 환경과 체내에 발생하는 과산화물과 프리라디칼(활성산소)을 낮출 수 있을 뿐만 아니라 피부 세포 내 활력을 제고시키고 체내 유해 물질을 낮춰 주며 피부 노화를 방지한다. 나노화 처리를 거친 황금은 피부에 더욱 쉽게 흡수되고 나노골드가 인체 피부에 쉽게 흡수되도록 한다. 순금에서 방출되는 음이온과 인체의 양이온이 상호 호응하여 조직 내 림프, 혈액의 흐름을 촉진해 피부의 신진대사를 더욱 좋게 해준다. 또한 피부 조직을 활성화하기도 한다. 여러 미량 영양소와 영양물질이 계속해서 세포를 활성화하도록 하여 세포가 젊어지도록 하고 피부 수분을 지켜 하얗고 촉촉한 피부를 만들고 색소가 점차 옅어지며 미세주름이 사라지게 하는 것 역시 황금이 피부를 활성화시키는 원리의 독특한 특징이다.

물리적 증거 황금이 피부에 '전기'가 통하도록 한다

황금은 상대적으로 양호한 연전성을 지니고 있고 관리 제품에 사용되는 경우 '활성금'이라고 불릴 수 있다. 황금은 자체적으로 매우 좋은 도체로 미량의 전기를 띠고 있어 피부와 접촉한 후 양전자와 음전자가 서로 끌어당기는 원리가 발생한다. 또한 이온이 빠르게 피부를 통과하고 에센스 성분을 피부 속까지 확실히 효과적으로 전달하여 심층 관리 역할을 한다. 세포 영양분을 제공하며 갓 생성된 세포를 보호하고 성장을 더욱 활성화한다. 동시에 신진대사를 촉진하고 피부 수분 함유량을 제고시킬 수 있다. 소위 말하는 황금 성분은 피부에 윤이 나도록 해주며 피부 관리 성분을 효과적으로 전달하여 최대 효과를 내도록 한다.

과거부터 오늘날까지의 증거: 시공간을 초월한 황금의 피부 미용 효과

1. 첨단 기술로 황금의 스킨 케어 효과를 더욱 완벽하게

나노기술이 등장하면서 나노골드는 스킨 케어의 걸작품이 됐다. 첨단 나노 기술 처리를 거친 나노골드는 매우 미세하다. 24k 99.99의 황금을 특수 처리와 가공을 통해 황금 속 0.001의 인체 유해 니켈 원소를 제거하고 피부에 유익한 적색 원소와 10여 종의 미량 원소 및 뼈 콜라겐을 추가했다. 그 후 지름이 0.1㎜보다 작은 금실로 다시 제작함으로써 기존 순금이 인체 피부에 침투되기 어려웠던 난제를 해결하였으며 이를 통해 피부 세포에 쉽게 침투하도록 하였다. 이로 인해 기존의 황금이 피부에 침투하지 못하여 '겉보기에만 고급'인 상황을 해결했다. 피부 깊숙이 침투된 나노골드는 활성 성분을 효과적으로 방출하고 피하 섬유 조직을 활성화하며 콜라겐 생성을 촉진시킴으로써 콜라겐 섬유 조직의 긴밀도를 강화한다. 이는 피부가 튼튼하고 탄력을 지니도록 해주고 프리라디칼(활성산소), 항산화를 제거하여 피부 노화를 장기적으로 예방할 수 있다.

2. 고대인들은 금실과 황금봉을 사용하였다

기원전 6000년 고대 이집트 마지막 여왕 클레오파트라(Cleopatra)는 수많은 왕비 중에서도 돋보일 정도로 눈부시게 아름다워 파라오(Pharaoh)의 총애를 받았다. 1992년 프랑스 고고학자가 고대 이집트 마지막 여왕 클레오파트라의 젊음을 유지한 방법의 수수께끼를 드디어 풀었다. 연구 결과 그녀의 피부에는 대량의 금실이 존재했으며 이 금

실들이 이집트 마지막 여왕이 오랫동안 청춘을 유지하도록 해주었다. 당나라 양귀비는 아름답고 젊은 외모를 유지하기 위해 매일 저녁 순금 목욕을 하였으며, 서태후가 오랜 기간 젊고 매끄러운 피부를 유지한 것도 황금 여의봉을 사용하여 얼굴 피부를 마사지했기 때문이다.

황금과 나란히 스킨 케어 '귀족' 리스트에 오를 수 있다

① **백금:** 극소 단위로 백금을 나노화하여 만든 나노백금은 피부 관리에 사용될 경우 피부 표면의 수분을 유지하고, 피부가 외부 자극과 햇볕의 영향을 받아 손상되는 것을 방지할 수 있다. 더욱이 노화 방지 기능을 보유하고 있음과 동시에 활성 성분이 피부 속까지 더욱 쉽게 침투되도록 돕는다.

② **자수정:** 풍부한 미량 영양소를 함유하고 있고, 유효 성분이 피부에 깊숙이 효과적으로 침투되도록 도와준다.

③ **진주:** 진주 분말은 주로 피부 활성화와 복원 역할을 하고, 진주 단백질은 피부에 흡수되기 쉬우며 피부 속 자연 보습 인자 구조와 유사하다. 피부에 매우 우수한 친화력을 지니고 있어 피부 수분을 유지할 수 있을 뿐만 아니라 산화 및 과산화 지질을 억제시키며 피부 노화 속도를 늦춘다. 피부 탄력과 리프팅을 제고시키며 피부가 영양분을 효과적으로 흡수하도록 돕는 한편 늘어짐을 개선한다. 더불어 피부의 pH 밸런스를 맞춰 피부에 광택이 나도록 한다.

④ **전기석:** 이 성분은 아베다, 에스티로더와 라메르 등의 브랜드 제품 속에 추가되었다 광석 에너지의 전자기 효과에 의해 마사지 동작을 한 후 전기석의 에너지가 순간적으로 영양분을 분발시키는 효과를 통해 순간적인 피부 미용 효과를 느끼게 된다. 모든 미백 성분이 피부를 통해 흡수되는 것을 촉진시킨다.

⑤ **칠전기석:** 브라질에서 기원한 것으로 전기장을 풍부하게 함유했다. 무궁한 에너지를 풍부하게 함유해 세계적으로 진귀한 광석으로 유명하다. 이러한 에너지 분발 복합물은 피부 신생 콜라겐의 합성을 촉진시킬 수 있고 피부가 눈에 띄게 튼튼해지도록 한다. 얼굴 윤곽, 피부의 탄탄함 및 밀도를 젊을 때의 상태로 돌아가게 돕는다.

⑥ **나노실버:** 나노실버는 매우 우수한 방부 효과를 지니고 있다. 미국 항공우주국 나사(NASA)는 나노실버를 우주 비행사 식수의 방부제로 사용하기도 한다. 나노실버를 피부 관리 제품에 추가하는 것은 여드름 세균을 억제할 수 있을 뿐만 아니라 기존의 파라벤(Paraben) 방부제를 대체하여 신선도를 유지하고 관리 제품의 부패를 늦추는 목적을 달성할 수 있다.

순간적으로 젊어질 수 있는 비법

만약 필자가 여러분에게 어떻게 노화를 방지해야 하는지를 가르쳐 준다면 품위가 없어질 것이다. 지금부터 여러분에게 알려 주려는 것은 효과가 있지만, 전수되지 않는 비결이다. 그것은 바로 자신보다 나이가 많은 사람과만 어울리라는 것이다.

원숙한 피부는 대체 얼마나 원숙한가?

원숙한 피부에 대한 오해는 많다. 가장 많은 오해는 대체 몇 살을

'원숙한 피부'라고 불러야 하는가다. '원숙한 피부'라는 말은 마치 누군가를 늙었다고 말하기 무안하여 '베테랑'이라고 말할 수밖에 없는 것처럼 느껴진다. 사실 모든 사람들의 실제 나이와 피부 나이는 차이가 있다. 선천적인 유전자와 후천적인 관리 정도의 영향을 받아 당신이 원하든, 원하지 않든 실제 나이와 피부 나이는 차이가 나게 된다. 40세가 넘었지만 피부는 '젊은 피부'에 속하는 사람도 있고 25세 정도지만 이미 '원숙한 피부'가 된 사람도 있다. 신분증과 띠로 알 수 있는 나이에 대한 증거를 제외하고 간단한 진단으로 자신의 피부 나이를 판단할 수 있다.

피부 나이 진단

① 기존에 있었던 주근깨, 모반의 색이 짙어지고 수가 증가했다.

② 근육이 늘어지고 광대뼈가 올라가며 입가 피부가 아래로 처졌다.

③ 피부가 약하며 차갑고 뜨거운 온도의 자극을 받으면 붉어지고 통증이 생긴다. 심지어는 피부가 벗겨지기도 한다.

④ 목 부분에 주름이 생겼다.

⑤ 얼굴의 땀구멍이 커졌고, 특히 코끝과 콧방울이 심해졌다.

⑥ 얼굴 피부색이 칙칙하고 누렇게 변했으며 휴식 이후에도 회복이 어렵다.

⑦ 눈과 입가에 잔주름이 생겼고 웃었을 때 더 선명하다.

⑧ 피부 관리실에 의존하게 된다.

⑨ 얼굴의 수분 흡수가 빠르며, 로션만 사용하는 것은 촉촉하지 않

다고 생각한다.

⑩ 메이크업의 밀착력이 떨어지고 쉽게 지워진다.

- 항목당 10점이며, 100점인 사람은 피할 수도 없이 100% 원숙한 피부의 소유자다.
- 70점이 넘는 사람의 피부 나이는 35세 정도이며, 피부 탄력과 보습성이 현저하게 감퇴한 상태다. 내분비가 각종 내외 요소의 영향을 받아 더 많은 멜라닌이 생기고 어두운 색소 반점이 늘어나기도 한다.
- 30~60점인 사람은 피부 나이가 25~30세다. 신진대사가 매우 느리며 피부의 자체 복원 능력이 떨어지게 된다. 진피층의 콜라겐과 탄성 섬유 숫자가 줄어들어 주름이 생기고 자주 트러블이 발생하지만, 여전히 저항력을 상실하지 않은 상태다.
- 20점을 넘지 않는 사람은 피부 나이 25세 이하이며 신진대사와 복원 기능 모두 매우 이상적인 상태다. 피부에 약간의 트러블이 생기더라도 금방 회복할 수 있다.

점수를 계산해 보면 대부분의 사람들은 '원숙한 피부'에 가깝다. 원숙한 피부에 화이트닝 제품 또는 다른 더욱 '무거운' 기능성 제품을 사용하는 것이 적합한지를 걱정할 필요가 없다. 화이트닝 제품을 예로 들면 '원숙한 피부'는 사실 '젊은 피부'에 비해 화이트닝 제품을 사용하는 것이 더욱 적합하다. 사람의 피부 나이가 '원숙'해진 후 일정 단계가 되면 세포 갱신 속도가 느려지고 각질층이 상대적으로 두꺼워지며 내성이 오히려 더 강해진다. 원숙한 피부에 화이트닝이 필요한지의 여부는 의문을 제시할 만한 일이다. 그러나 만약 자신이 화이트닝 제품을 사용하는 것을 선호한다면 원숙한 피부는 화이트닝 제품이 효과를 더욱 잘 발휘할 수 있도록 공간을 마련해 줄 수 있을 것이다. 화이트닝 제품은 다소 건조한 편이므로 방법을 찾아 건조한 부분의 밸런스를 맞춰 주어야 한다. 예를 들면 시간대를 나눠 제품을 바르거나 피부에 유분을 보충해주는 방식을 선택할 수 있다. 시간대를 나눠 제품을 바르는 것은 아침에 화이트닝 제품을 사용하고 나이트 크림으로 스킨 케어를 할 때에는 유분이 비교적 많은 안티에이징 제품을 선택하는 방식을 의미한다. 안티에이징 제품을 사용하여 화이트닝 제품의 건조한 문제를 보완해 줄 수 있다.

젊음을 유지하고자 하면,
의학의 힘을 빌려서

'의학 미용'은 약물이나 크고 작은 수술과 같은 의학 수단을 통해 아름다움을 목적으로 하는 '치료'다. 이러한 의학 미용 수단이 초기 유명인들에 의해 감춰졌기 때문에(분명 의학 미용을 했으면서도 끝까지 인정을 하지 않았다) 신비한 일이 됐으며 게다가 많은 의학 미용 수술 과정 중 의료 사고가 끊임없이 폭로되면서 하고 싶은 사람은 많은 돈을 써서라도 꼭 하려고 하고, 하기 겁나는 사람은 두려움에 죽어도 하지 않는 것이

되었다.

성형수술을 위험을 무릅쓰고 할 필요까지는 없지만, 외모가 중시되는 오늘날의 사회에서 노화 방지를 위해 스킨 케어 제품에만 의존하는 것은 힘든 일이므로 미니 성형수술을 받아보는 것도 하나의 방법이 될 수 있다.

필자는 2007년부터 미니 성형수술에 대한 연구를 시작하였으므로 지금부터 언급하는 것에 책임을 질 수 있다. 필자 본인은 업무상 필요로 인해 보톡스를 맞아 본 적이 있으며 체험한 바에 의하면 좋은 약과 의료 종사 자격을 갖춘 의사를 선택해야 하고 지나치게 욕심을 부리면 안 된다는 것이다. 또한 빈도가 지나치게 잦아서도 안 되고 6개월마다 1회 정도 실시하는 것이 비교적 안전하다. 물론 조건이 된다면 한국과 같이 의학 미용 기술이 비교적 발달한 곳을 방문하여 4개월마다 1회 정도 주사 시술을 받는 것도 안전을 보장할 수 있는 방법이다. 사실 가장 이상적인 의학 미용은 피부 관리로 의학 미용 수단과 일상 케어를 결합시킨 미용 방식이다. 우선 의학 미용의 방식을 이용하여 피부 표면의 문제를 처리하고 미니 수술을 통해 피부에 잃어버린 수분과 콜라겐을 주입한다. 그렇게 피부의 현재 상태를 빠르게 개선시킨 후 다시 일상 스킨 케어의 수단을 이용하여 의학 미용을 통해 얻은 아름다움을 유지한다.

좋은 피부는 긍정 에너지를 가져다 준다

'사람의 눈길을 끈다'는 것은 사실 외형과 내면이 조화를 이룰 때 나타난다. 어떤 사람의 피부의 좋고, 나쁨으로 그 사람의 인품, 업무 능력, 사업 신용도를 판단할 수 없다. 어떤 사람이 선하며 친절하다고 느껴질 경우 그 사람을 더욱 믿고, 그 사람에게 더욱 가까이 가고 싶어진다.

이 속에 내재된 원리는 물론 심리학상의 원리이지만 사회적인 도리 역시 일부 포함된 것이다. 피부 관리를 잘할 수 있는 사람은 어느 정도 내에서 그의 현대 심미관, 생활 습관의 자율 정도 등을 파악할 수 있게 된다. 당신이 상대방의 외모를 보는 사람이고, 상대방은 얼굴을 관리하는 사람이라면 두 사람이 같은 부류의 사람이라는 것을 설명하는 것이다. 그러므로 좋은 피부가 가져다주는 긍정 에너지는 바로 첫인상으로 다른 이를 매료시키는 매력이란 것이다. 그러나 만약 외모만 뛰어나고 업무 능력이 좋지 않다거나 인품이 좋지 않다는 것을 알게 되었다면 그를 멀리하게 될 것이다. 그러기에 외면과 내면을 모두 가꿔야만 한다.

스킨 케어 제품을 고를 때
누구의 말을 들어야 하는가?

판매 직원? 케이스 안의 설명서? 주변 사람들의 입소문? 인터넷의 평론? 아니면 단순하고 무식한 기준으로 비싼 제품을 골라야 할까?

앞서 언급한 방식들은 필자도 모두 경험해 봤다. 백화점 안의 전문 매장의 정보부터 주변 사람들이 사용하는 제품에 대한 피드백, 제품 설명서 연구와 네티즌의 사용 후기에 이르기까지. 그러나 인터넷상에서 남겨지는 모든 경험은 제각각이며 심지어는 실제와 부합하지 않고 거짓인 내용도 있다. 예를 들어 인터넷상에 다음과 같은 테스트를 실시한 사람이 있다. 좌우 양쪽의 얼굴에 각각 라메르와 니베아의 제품을 사용한 뒤 윤기, 주름 방지 정도와 탄성을 비교한 결과, 효과가 비슷하다는 것을 발견했다고 한다. 그러나 필자는 이렇게 한 사람의 피부에서만 얻은 결과에 동의하지 않으며 하나의 예시가 모든 사람을 대표할 수는 없다고 생각한다.

필자가 오랜 시간 동안 이 업계에 종사하면서 알게 된 브랜드와 성분이 점점 많아짐에 따라 미세 화학 공업에 종사하는 전문가와 케어 조제법 엔지니어를 많이 알게 됐다. 그러면서 화장품 성분들 각각의 역할이 무엇인지, 첨가 배합 비율이 얼마인지 알게 됐고 그 후에야 스스로에게 적합한 스킨 케어 제품을 선택하는 근거가 생기기 시작했다.

그렇다면 이 업계에 종사하지 않는 대부분의 사람들은 어떻게 스킨 케어 제품을 구매해야 할까? 비싼 스킨 케어 제품은 가장 진귀하고 좋은 원재료와 가장 뛰어난 기술을 선택한 것이므로 가격도 중요한 고려사항이 될 수 있다. 그러나 가격뿐만 아니라 해당 제품에 대한 피부의 적응도와 흡수도, 제품에 대해 반응을 보이는 데 걸리는 시간 역시 참고해야 한다. '가장 좋은 것을 구매하는 것이 아니라 무조건 가장 비싼 것을 구매'해서는 안 된다.

스킨 케어에는
'만한전석(满汉全席)'과 같은 코스가 없다

일부 부자들 중에서 스킨 케어에 열광하는 사람들은 스킨 케어 제품을 선택할 때 '코스'로 구매하는 편이다. 입소문이 좋은 제품이나 인지도가 높은 브랜드의 스킨 케어 제품을 전부 구매해서 하나씩 쌓아 놓고 사용하며 절대 많은 제품수를 꺼리지 않는다.

그러나 필자는 스킨 케어 제품 선택을 최대한 간략하게 하라고 권유한다. 일부 사람들은 과도하게 스킨 케어에 신경 써서 각기 다른 스킨 케어 제품을 선택하여 사용하곤 한다. 사용하는 제품의 종류와 브랜드가 많아질수록 오히려 피부에 알레르기, 빨갛게 부어오름, 가려움과 같은 문제들이 자주 나타나게 되고, 한 가지 제품만 선택하여 사용하는 것을 고수하는 사람일수록 피부 상태가 더욱 좋아지고 저항력도 강해진다.

스킨 케어 제품을 선택할 때는 피부 타입에 따라 골라야 한다. 예를 들어 어떤 스킨 케어 제품을 사용했을 때 무난했다거나 마음속으로 어떤 브랜드와 비교하게 되는 것들은 피부가 말해 주는 제품에 대한 정보가 될 수 있다.

몇 살 때부터 아이크림을 사용할지
고민 중인가?

최근 '25세부터 아이크림을 사용해야 한다'는 의견에 대해 논쟁이 일어나고 있다. 한쪽은 25세부터 시작하는 것은 늦은 것이라 주장하고, 다른 한쪽은 아이크림은 계륵과 같아서 몇 살이든 사용할 필요가 없다고 주장한다. 필자는 아이크림을 몇 살 때부터 사용할지는 나이로 결정할 문제가 아니라 피부 나이로 결정해야 한다고 생각한다. 피부 관리를 시작하면서 눈가의 피부도 마찬가지로 관리를 받게 되며 반드시 아이크림을 바르기 시작해야 할 나이를 얘기한다면 17~18세부터 사용하기 시작해야 할 수도 있다. 또한 눈가에는 아이크림만 사용해야 한다고 고집을 피울 필요도 없다. 아이크림의 배합 성분과 크림은 본질적으로 차이가 없으며 유효 성분의 농도 또는 재료의 흡수 정도에서 약간 다를 뿐이다. 당신에게 적합한 좋은 크림은 당신에게 적합하지 않은 평범한 아이크림에 비해 당신의 눈가에 더욱 효과적일 수도 있다.

그러므로 대체 언제부터 아이크림을 사용해야 하는지에 대해 고민할 필요가 전혀 없으며 기초 스킨 케어를 할 때 제품에 '눈가 사용을 금하시오'라고 명시되어 있는 경우를 제외하고 눈가에 같은 케어를 해주는 것을 잊으면 된다. 만약 당신이 신경 써서 단독으로 아이크림을 사용하고자 한다면 당연히 아이크림을 사용하는 것을 반대하지는 않는다. '지나치게 빨리 아이크림을 사용하면 눈 피부 영양 과잉으로 인해 지방 입자가 생긴다'는 말은 터무니없는 말이다. 지방 입자가 생기기 쉬운 피부는 스페셜 케어가 필요하며 피부가 배척하는 스킨 케어 제품을 사용하면 지방 입자를 생성하기 쉽기 때문이다. 지방 입자가 눈가에 반드시 생기는 것도 아니고, 아이크림으로 인한 것이 아닐 수 있다.

건조한 기내, 피부를 조심하자

　최근 몇 년간 필자 본인이 친구들과 웨이보에 '비행 시 사진 한 장'을 끈기 있게 업로드한 경험을 바탕으로 비행 시 스킨 케어에 관한 문제에 대해 여러분께 말할 것이 있다. 비행을 자주하는 사람들이 점점 늘어나고 화장품을 판매하는 브랜드가 점점 늘어나면서 요즘은 비행 시 시간도 낭비하지 말고 스킨 케어를 해야 한다는 의견이 있다. "비행기 내부가 너무 건조하니 보습을 반드시 해야 한다", "퍼스트 클래스는 잠재적인 사교 장소인데 피부 상태가 좋지 않으면 어떻게 진정할 사랑을 찾을 수 있겠는가", "비행기에서 내리자마자 마중 나온 협력 파트너를 만나야 하는데 얼굴이 보기 안 좋으면 안 된다"라는 이유들이 있다.

필자가 말하고 싶은 것은 기내 역시 공공장소라는 사실이다. 많은 사람들이 있는 곳에서 스킨 케어를 하고 사랑을 찾는다? 원점으로 다시 돌아가 이야기하자면 아무리 고급스러운 퍼스트 클래스여도 스킨 케어를 실시하기에는 장소가 매우 협소하다. 만약 피부가 너무 건조하게 느껴진다면 마스크팩을 붙이는 것 정도는 괜찮을 수 있다. 비행기에서 내려서 정돈되지 않은 모습을 보이고 싶지 않다면 선글라스를 사용하는 것을 추천한다. 선글라스는 피곤한 얼굴을 80% 가려 줄 수 있다. 만약 더욱 신경 쓴 모습으로 비행기에서 내리고 싶다면 립스틱과 컨실러를 사용하면 충분할 것이다. 비행기 착륙 이후 문이 열리기 전 몇 분이면 충분하다.

스킨 케어 제품, 국가별로 장단점이 있다

　스킨 케어 제품은 국적이 있는 것이라고 습관적으로 생각하게 된다. 간단한 원리로 만약 당신의 친구들이 프랑스, 미국, 일본에 간다면 그들에게 대리 구매를 부탁할 물건은 분명 다를 것이다. 모두들 알고 있는 것처럼 스킨 케어 제품은 수입 관세가 비교적 높아 브랜드 원산지에서 사는 것이 비교적 저렴하기 때문이며, 일반적으로 미국에 가는 친구에게 일본계 제품을 구매해 달라고 하진 않는다. 그러나 필자가 언급하고 싶은 것은 스킨 케어 제품이 소속된 연합국 속에서 모두들 각각의 장점이 있기에 자신의 스킨 케어에 맞게 선택해야 한다. 보편적인 권장 사항은 화이트닝 제품은 일본계 제품, 보습 제품은 한국계 제품, 안티에이징류는 유럽과 미국 제품, 민감성 피부는 약국화장품 브랜드의 '약'자가 들어간 제품을 선택하면 안심할 수 있다. 어떤 일이든 장단점이 있듯이 브랜드 원산지 국가에서 저렴하게 제품을 구입할 수 있겠지만, 항공권이 저렴하지 않고 대리 구매를 부탁하는 것도 기회를 엿봐야 하며 면세점에서 구매하는 것은 가격대비 성능비가 좋지만 브랜드 수나 제품 종류, 색상이 완전하지 않다.

이 내용들은 모두 '보편적인 권장 사항'이며 구체적인 실행 여부는 당신에게 달려 있다. 자신의 피부가 어떤 나라의 제품 유형이 적합한지를 반드시 관찰해서 선택해야 한다. 나라 간의 차이나 첨단 기술과 평가의 제품을 막론하고 사실상 모두 효과가 있는 제품들이며 단지 성분 기술, 공정 과정이 다르므로 효과가 다르게 나타날 뿐이다. 방부제와 같이 대부분의 스킨 케어 제품에 모두 포함된 성분을 예로 들면 고급 방부제는 보습제로 열거되며 3년이나 되는 긴 시간 동안 방부 효과가 있는 것은 아니지만, 매우 안전하고 부작용이 없다. 일반적인 방부제와 비교했을 때 피부에 효과적이다. 그러나 일반 방부제 역시 이와 마찬가지로 안전하다. 그러므로 당신이 제품을 선택할 때는 피부 자체의 적합성 및 본인의 경제력을 중점으로 하면 된다.

어떤 제품들이 재구매의 가치가 있나?

　'중복 구매'는 제품 한 병을 다 쓴 뒤 다시 똑같은 제품을 재구매하는 것이다. 사람들은 누구나 새것을 좋아하고 옛것을 싫어하는 마음이 있으며 밥을 먹을 때에도 매일 똑같은 반찬만 먹을 수는 없다. 매일 텔레비전에서 스킨 케어 제품 광고를 많이 접하더라도 종종 새로운 내용을 말하고 있지는 않은지 살펴봐야 하며 피부가 무엇을 원하고 있는지 주의를 기울여야 한다.

　피부가 원하는 것을 존중하자는 원칙에서 말하자면 필자는 빈번하게 제품을 바꾸는 것을 권장하지 않는다. 다만 필자는 '융통성 있게' 바꿔 사용할 공간을 남겨 두는 것을 권장한다. 식사를 예로 들면, 반찬은 자주 바꾸지만 밥은 한 포대에서 나온 쌀을 먹는 것처럼 말이다. 우리가 매일 사용하는 클렌징류 제품은 자주 바꿀 필요가 없는 쌀과 같은 것이다. 종종 스킨 케어의 포인트를 에센스나 마스크팩류 제품의 기능에 두는데 사실 클렌징 제품을 잘못 선택하면 후속 스킨 케어 단계의 효과가 발휘되지 않을 수 있다. 필자는 자주 스킨 케어 제품을 바꾸는 것을 권장하지 않으며 클렌징 제품은 특히 그렇다. 자신의 피부에 적합한 제품을 찾았다면 단계적으로 사용해야 하며 바꿀 수도 있지만, 한 단계를 마친 후에 그 단계에 적응하기까지 얼마의 시간이 걸렸는지는 피부가 주는 피드백을 참고해야 한다. 필자 본인의 스킨 케어 원칙은 바로 하나의 단계에서 동일한 제품을 사용하는 것이며 스킨 케어에 뺄셈을 활용하는 것이다. 단순해질수록 오히려 그 효과가 좋아지기 마련이다. 가끔 피부에 작은 트러블이 생긴다면 자신의 피부를 관찰한 뒤 구체적인 상황에 따라 스페셜 케어 제품의 사용을 추가하면 된다. 필자가 사용하는 많은 제품들은 중복 구매한 것들이며 만약 이렇게 하는 것이 습관이 되지 않았다면 클렌징 제품에서 자신의 피부에 적합한 것을 찾은 뒤 단계적으로 고수하면 된다.

장한일 뷰티 아티스트가 폭로하는 스킨 케어 진실과 거짓

	거짓	진실
스킨 케어 제품이 효과를 보는 시간	다 사용한 후 바로 '마른 나무에 꽃이 핀 듯' 즉각적인 효과를 볼 수 있다.	순차적으로 기초 관리를 잘해야 한다.
관리의 트렌드	사람은 매일 10,000번 이상 눈을 깜빡이므로, 아이크림은 스킨 케어의 키포인트가 된다.	광고를 믿지 않고 치료 효과를 믿는다.
감광 식품이 피부를 검게 만드는 것	샐러리 먹는 것을 금기한다.	샐러리는 피부를 검게 만드는 부작용이 있지만, 1회 섭취량이 몇 근에 달할 경우를 말한다.
마스크팩 사용 빈도수	누구든지 매일 마스크팩을 사용할 수 있다.	일반적으로 1주일에 3회 이상을 초과해서는 안 된다.
피부과 전문가의 의견	피부과 전문가는 '끊임없이' 제품을 추천하여 당신의 피부 트러블을 해결할 수 있다.	피부과 전문가는 구체적인 실험 데이터에 벗어나 제품과 피부 간의 관계를 판단할 수 없다.
항산화에 관하여	항산화를 잘하면 세상 모든 것이 두렵지 않다.	피부만의 문제가 아니라, 몸 전체를 위해서 항산화를 해야 한다.

다른 사람의 칭찬에 귀 기울여라

　보통 사람들은 만나서 인사를 주고받을 때 날씨 얘기를 나누지만, 중국인들은 '안색' 얘기를 나누는 편이다. 옛날 방식으로 말한다면 '안색이 좋아 보이시네요'고, 요즘 방식으로 말한다면 '요새 피부 정말 좋으시네요'다. 요즘 우리나라 여자들도 오랜만에 만나면 피부 얘기가 빠지지 않는다. 그러나 만약 누군가 당신을 칭찬할 때 "눈 아래 처진 살이 하나도 안 보이네요", "눈가에 눈주름이 하나도 없어서 정말 부럽네요"라는 말을 한다면 주의해야 한다. 상대방은 아마도 당신의 잔주름, 굳은살, 건조함, 칙칙함에 대해 양심을 속이고 과분하게 칭찬을 하느라 어쩔 수 없이 그렇게 구체적으로 당신을 '칭찬'하게 된 것일 수도 있기 때문이다.

스킨 케어는 얼굴과 전신에 물 한 대접을 공평하게 뿌리는 일이며 브랜드 홍보 문구인 '매일 눈을 깜빡이는 횟수가 10,000회가 넘으므로 아이크림을 사용하는 것이 스킨 케어에 매우 중요합니다!'라는 말은 믿지 말아야 한다. 이렇게 사람들을 세뇌시키는 설정을 듣고 일반적으로 다음과 같이 생각할 것이다. "눈을 안 깜빡일 순 없으니 반드시 아이크림을 사용해야겠구나!" 그러나 진실은 다음과 같다. 그들이 이렇게 홍보하는 이유는 아이크림을 판매해야 하기 때문이다. 만약 당신이 '예부터 흰 피부는 못생긴 부분을 모두 감출 수 있다'라는 말을 자주 보게 된다면 여름철이 되어 메이크업 브랜드에서 화이트닝 제품을 판매할 때가 된 것이다.

그러므로 다른 사람에게 세뇌당하지 말고, 다른 사람이 당신을 어떻게 칭찬하는지 브랜드가 어떻게 당신을 유혹하는지를 알아야 한다. 눈가는 신경을 많이 써야 하는 부위는 맞지만, '아이크림이 가장 중요하다'라는 말은 맞지 않다. 이 중요한 부위에 신경을 잘 쓴다면 다른 사람도 당신의 피부에 대해 억지로 눈주름을 칭찬하기는 어려울 것이다.

샐러리를 즐겨 먹으면 피부가 검어질 수 있다?

여름철 화이트닝의 계절이 되면 다시 언급되는 말이 있는데 그것은 바로 '감광 식품'을 멀리해야 한다는 것이다. 감광 식품은 구리, 철, 아연 등의 금속 원소를 함유하고 있으며, 이 금속 원소가 직·간접적으로 멜라닌과 관련된 티라민, 타이로시나아제 및 도파민 등의 수량과 활성을 늘릴 수 있다. 이러한 식품을 자주 먹은 뒤 햇빛을 쐴 경우 멜라닌 세포 활력을 제고시키고 피부가 자외선의 영향을 받아 검게 변하거나 잡티가 생기기 쉽다. 감광 식품 블랙리스트에는 샐러리 외에도 고구마, 감자, 시금치, 부추, 고수, 무, 우렁이, 냉이, 유채, 상추, 무화과, 콩류 등이 있다. 권위 있는 전문가들의 일반적인 견해는 감광 식품은 확실히 '감광'으로 인해 피부를 '검게' 만드는 효과가 있긴 하지만, 그 전제는 당신이 한 번에 몇 근에 달하는 양을 섭취해야만 실제로 감광 효과가 나타날 수 있다는 것이다. 그러므로 매일 몇 가닥의 샐러리를 먹는 것만으로는 아쉽게도 검게 변하는 것이 매우 어렵다.

세상에 '효과 빠른 피부약'은 없다

이 말을 스킨 케어에 조급해 하는 사람들에게 전하고 싶다. 화이트닝 제품을 사용하자마자 미백 효과를 바라고 잡티를 옅게 해주는 제품을 사용하자마자 옅어지길 바라고 안티 트러블 제품을 사용하자마자 트러블이 사라지길 바라는 것은 황당한 생각이다.

'효과 빠른 심장약' 같은 약은 심장에 긴급 조치가 필요한 경우에나 '빠른 효과'가 나타나는 것이며, 병을 치료할 때에는 장기간의 심층 치료가 필요하다. 일반적으로 건강 상태가 정상적인 사람에게 피부톤이

살짝 검고, 잡티가 있거나, 여드름이 몇 개 난 것은 생명이 위험한 것이 아니므로 여기에 사용할 만한 '효과 빠른 피부약'은 없다. 필자의 많은 친구들은 스킨 케어 제품을 사용하기만 하면 바로 '마른 나무에 꽃이 피는 듯'한 효과가 나타나길 기대하고 있으며 얼마의 돈을 들여 어디에서 구매하든지 간에 팁을 주기만 하면 아무것도 따지지 않고 바로 구매하여 사용하곤 한다. 문제는 당신이 마른 나무가 아닌데 뭐 그리 조급하게 꽃을 기다리는가이다.

필자가 아는 스킨 케어를 매우 중시하는 한 여성은 피부도 꽤 좋고, 피부톤도 밝은 편이지만 욕심이 많아 하루 종일 남과 비교하며 다른 사람의 피부가 더 하얗고 더 좋다고 생각한다. 자신이 더 하얘져야만 다른 사람과 인사를 할 체면이 선다고 생각하기도 한다. 그래서 그녀는 여러 스킨 케어 브랜드의 유명 제품을 다 모아 두고 사용한다. 마치 배가 고플 대로 고픈 사람이 라면에 밥까지 말아 먹어야 만족하는 것처럼 말이다. 그러므로 그녀의 피부는 제품의 고효율 성분에 내성이 생겨 효과가 잘 드러나지 않고, 오히려 여러 가지 피부 문제들이 나타나기 쉬워진다. 그렇게 되면 더욱 강력한 효과를 지닌 제품으로 문제를 해결해야 하는 악순환이 연속된다.

'몸이 허해져 치료도 받지 못한다'는 말을 들어 본 적이 있을 것이다. 효과가 높은 제품을 사용하려면 피부의 기초가 좋고, 피부 내성 자체가 높아야지만 '보완'이 될 수 있다. 그렇지 않을 경우 정반대로 오히려 피부 각질층이 얇아져 민감해질 수 있고 피부를 관리 할수록 망치게 될 수 있다. 트러블 피부에도 치료가 30%, 몸조리가 70%로 치료보다 몸조리가 중요하다. 우선 순차적으로 기초 관리를 한 뒤 피부의 내성을 높이는 것이 바람직하다.

누가 감히 '마스크팩을
매일 사용해도 된다'고 하나?

백화점 1층 화장품 코너든지, 마트 진열대든지 간에 어떤 마스크팩 겉면에 당당하게 '이 마스크팩은 매일 사용해도 된다'라는 문구가 적혀 있는지 한 번 찾아보자. 겉면에 이런 문구를 넣는 것은 책임이 있어야 하는데 나서서 책임지려고 하는 사람은 없다. 그렇기 때문에 어떤 경로를 통해서든 당신에게 적게 사용하는 것보다 자주 사용하는 것이 좋다고 묵묵히 세뇌시켰을 것이다.

전문가적인 입장에서 보았을 때 순(醇)류 또는 방부제 성분이 함유되지 않은 보습류 기초 마스크팩은 사용해도 무방하다. 하지만 미백, 잡티를 연하게 해주는 안티에이징 클렌징 등 효과가 강한 마스크팩은 일주일에 2~3회 정도 사용하면 된다. 하지만 시중에 판매되는 마스크팩 제품의 대부분이 효능에 대해 애매모호하게 표기한다. 우리 또한 피부 케어 전문가가 아닌 일반인이고, 기계 화학 분야의 전문가가 아니며 마스크팩을 들고 화학 실험을 할 수도 없다. 그래서 만약을 대비하여 마스크팩은 매일 사용하지 않는 것이 좋다. 그리고 마스크팩 성분이 아무리 순하고 피부가 아무리 건강할지라도 성분과 피부 간에는 모두 허용 능력의 문제가 존재한다.

PART **FIVE**

멋진 피부를 가지려면
나쁜 습관부터 고쳐라

올바른 스킨 케어는 눈앞의 효과에만 급급해서는 안 된다.
순서대로 실시해야 가장 효과가 좋다고 말할 수 있다.
5분 효과, 10분 효과에 현혹되지 말자.

자신의 피부는 자신만 이해할 수 있다

필자는 국내외에서 권위 있는 전문가, 의사들을 만난 적이 있다. 업계에서 그들의 수준과 임상 경험은 의심의 여지가 없을 것이다. 그들은 피부에 대해서 과학적이고 전문적인 연구를 한다. 즉, 피부 컨디션을 즉각 파악할 수 있다는 것이다. 그러나 스킨 케어 제품과 관련된 질문을 던지면 너무 신중한 나머지 모호한 답변을 한다. 그들이 연구하는 병리적인 문제는 스킨 케어와는 차이가 있기 때문이다.

스킨 케어 제품이 피부 트러블에 어떤 영향을 주는지에 대해서는 전문가들은 공신력 있는 검사 데이터를 참고해야만 판단할 수 있다. 사람의 피부 상태는 날마다 변한다. 외적 요소들과 체내 순환 등이 피부와 관련이 있기 때문이다. 이에 어떤 전문가도 스킨 케어 제품이 피부 트러블을 해결해 준다고 단정하지 않는다. 스킨 케어 제품은 약이 아니며 전문가들이 연구하는 병은 피부 트러블이 아니기 때문이다.

그렇지만 전문가가 계속 한 가지 제품만 추천한다 해도 당신은 본인의 피부 트러블의 원인, 기저를 알지는 못할 것이다. 결국에는 자기 스스로 자신의 피부에 대해 알고 이해하려고 노력해야 한다. 장기간 끊임없이 피부에 관심을 가져야 어떤 트러블에 대해 잘 대처할 수 있게 되기 때문이다.

노화 방지는 항산화와 다르다

　　최근 사람들은 피부 건강과 관련해서 '항산화'라는 말을 자주 한다. 항산화는 피부에 도움이 되지만, 사실 항산화의 중요성은 메이크업 브랜드에 의해 시작됐다. 체내 프리라디칼(활성산소)은 나이가 들면서 점점 많아지며 이는 아주 자연스러운 일이다. 항산화와 프리라디칼(활성산소)의 관계는 거칠게 흐르는 강물을 기를 쓰고 저항하는 물고기와 같다. 항산화는 유용한 면이 있지만, 스킨 케어 제품으로는 그 효과가 미미하다는 것이다. 예를 들어 건강한 피부가 10점 만점이라고 했을

때 10점을 만들기 위한 항산화 스킨 케어 제품은 고작 3점이라는 것
이다. 진정한 항산화는 체내에서 진행돼야 한다. 항산화를 위한 스킨
케어 제품을 사용하는 것 외에도 노화를 늦추는 생활습관을 갖춰야
한다는 것이다. 어떻게 보면 3점도 0점보다는 낫다고 할 수 있지만,
항산화 스킨 케어 제품에 그리 기를 쓰지 않아도 된다는 것이다. 노
화 방지는 항산화와 같지 않다. 그러나 항산화를 하지 않으면 노화에
가속이 붙는다는 점을 기억하자.

모든 스킨 케어 제품에
와이파이를 연결할 수 있다

요즘에는 와이파이(Wi-Fi) 기능이 없는 게 이상할 정도로 우리 주변에 널려있다. 셀카봉, 카메라, 스마트워치, 프린터 등이 그것이다. 스킨 케어 제품에도 와이파이를 연결할 수 있다. 라이프 스타일의 일부분을 차지하고 있기 때문이다. 만약 자외선 차단 제품에 와이파이나 블루투스가 장착돼 있다면 매일 몇 그램을 사용했는지, 마지막으로 언제 사용했는지, 다음번 사용 알림 등을 스마트폰 어플에서 확인할 수 있을 것이다. 또한 현재 자외선 지수를 파악해 피부에 적당한 양을 알려 주면 자외선에 피부가 손상되는 일이 없을 것이고, 지나치게 많이 발라 낭비하는 일이 없을 것이다. 이외에도 필링제나 에센스에도 와이파이를 장착하면 실용적일 것이다. 어플을 통해 어느 제품이 본인의 피부에 가장 큰 효과를 가져다 주는지 비교하고 기록하며 구매 장소와 가격도 알려 줄 것이다.

미래 과학기술이 빠른 효과를 보고 싶은 마음을 만족시킨다

필자는 세계 각지의 스킨 케어 애호가들을 만났다. 그중 대부분은 중국인이었다. 그들은 스킨 케어 시 빠른 효과를 가져다 주는 스킨 케어 제품을 좋아한다. '어떻게 하면 효과를 빠르게 볼 수 있는지', '어떻게 하면 피부 트러블을 즉시 가라앉힐 수 있는지'에만 몰두하는 것이다. 필자는 당장의 효과만을 추구하는 것에 경고하면서도 효과를 빠르게 보고 싶어 하는 것은 인지상정이라고 생각한다. 사실 이미 '바른 후 5분이면 잔주름을 사라지게 해주는 제품', '10분 후 모공을 감춰주는 제품' 등이 등장했다. 이 제품들이 실제로 그런 역할을 하는지는 밝혀진 정론이 없다. 그러나 미래 과학기술은 '빠른 효과'라는 목표를 잡고 노력해야 하며 5분, 10분과 같은 빠른 시간에 효과를 보는 게 아니더라도 안전한 재료로 피부를 가꿔 주는 기술을 개발할 수 있을 것이다.

기초 성분을 더욱 과학적으로 사용한다

스킨 케어에서 가장 중요한 것은 확실한 효과가 있는 기초 성분을 잘 활용하는 것이다. 예를 들어 알로에, 달팽이 점액이다. 이들은 추출 기술이 다르기 때문에 브랜드마다 추출량이 다르고 효과도 가지각색으로 나타난다. 몇 년 전부터 순식물 성분이 인기를 얻었다. 이후에는 '유기농' 스킨 케어 제품이 유행하기 시작했다. 사실 이 성분들은 모두 유효한 성분이지만 각 브랜드에서 사용하는 생산 기기와 제조 수단이 다르다. 포도씨에서 추출한 폴리페놀은 최근 2년간 매우 유행하고 있다. 브랜드들은 자사의 포도 씨가 얼마나 고품질인지를 홍보하는 것이 아니라 포도씨에서 추출한 폴리페놀 성분이 다른 브랜드보다 피부에 적합하다는 점을 설명했다. 여기서도 미래 스킨 케어 기술이 나아갈 방향을 알 수 있다. 바로 수준 높은 기술로 피부를 건강하게 가꿔 주는 성분을 사용해 피부가 잘 흡수할 수 있고, 흡수한 영양을 유지할 수 있도록 해줘야 한다는 것이다.

피부를 망치는 당신의 나쁜 습관

　필자가 언급하는 나쁜 습관은 대부분 근무 중 발생한다. 안 좋은 근무 환경, 습관은 당신의 피부 나이를 실제보다 많게 만든다. 습관은 제2의 천성이라고 했다. 반복적이고 일상적으로 일어나기 때문이다. 사람들은 대부분 A라는 습관이 피부에 좋지 않다는 것을 알더라도 '한 번 정도는 클렌징 안 해도 괜찮아', '이번 주에는 패스트푸드를 3번밖에 안 먹었어'라고 합리화하곤 한다. 이처럼 나쁜 습관은 고치기가 힘들며, 그렇게 생활방식이 굳어지면 그것이 곧 노화의 장본인임을 잊게 된다.

불규칙하고 자극적으로 식사하는 습관

업무 스트레스가 클수록 자극적인 식사를 선호하게 된다. 게다가 50% 이상의 사람들이 너무 바쁜 나머지 일주일 동안 건강한 집밥을 먹기보다는 식당밥을 먹는다. 그들은 맵고 느끼한 음식이 피부톤을 좌우한다는 것을 모른다. 오히려 자극적인 음식이 맛있는 음식이고, 업무에서 받은 스트레스를 해소해 준다고 생각한다. 사실 맵고 느끼한 음식, 패스트푸드, 인스턴트식품은 대부분 비타민과 미네랄이 부족하다. 이러한 식사 습관은 성인 여드름을 유발하며 체내 지방을 축적한다. 또한 동맥을 손상하여 피부톤을 어둡게 하며 주름이 생기는 등 노화의 길로 안내한다.

대책

피부과 전문의들은 '당도가 높고 기름진 음식이 유지 분비 호르몬을 자극해 여드름 발생을 부추긴다'고 말한다. 정크 푸드(열량은 높지만 영양가는 낮은 패스트푸드와 인스턴트식품의 총칭)에 있는 나쁜 지방은 체내 프리 라디칼(활성산소) 생성을 초래하고 세포 노화, DNA 변이를 불러일으킨다. 정크 푸드를 적게 먹거나 끊으면 6개월 내로 여드름이 눈에 띄게 개선될 것이다. 식탐이 있거나 너무 바빠서 식사 시간이 없는 경우에는 땅콩 잼, 견과류, 아보카도와 같이 건강한 지방을 함유한 식품을 섭취하자.

장시간 업무, 눈 비비는 습관

장시간 모니터를 보고 있으면 눈이 매우 건조해진다. 눈을 비비는 습관까지 더해지면 눈가 수분이 부족해져 피부가 칙칙해지고 잔주름이 생긴다. 눈가 피부는 다른 신체 피부 두께의 1/6에 불과할 정도로 매우 약하다. 약한 만큼 나쁜 습관이 생기면 더 심한 결과를 낳게 된다.

대책

장시간 컴퓨터를 보는 것도 눈을 상하게 하는 주범이다. 눈을 비비기까지 한다면 눈가 피부는 쉽게 지칠 것이다. 습관이 고치지 않는다면 모세 혈관이 파괴될 수도 있으며 자연스레 시력이 낮아지고 시야가 흐려진다. 눈이 건조하고 간지러울 때는 눈을 감고 5분간 휴식을 취하거나 눈 운동을 하는 것이 좋다.

아이크림은 25세부터 사용하는 것이 가장 좋다. 눈가 피부는 매우 약하고 많은 자극을 견뎌내야 하기 때문이다. 만약 비타민A를 함유한 아이크림이 너무 강하다면 펩타이드 성분이 들은 아이크림을 사용하자. 이 성분은 피부 속 엘라스틴을 늘려 주고 잔주름을 효과적으로 제거해 준다. 브라이트닝과 자외선 차단 기능이 있는 아이크림 역시 컴퓨터를 많이 사용하는 사람에게 필수 아이템이다.

메이크업을 지우지 않고 자는 습관

일주일 내내 야근했다면 집에 오자마자 바로 잠들고 싶을 것이다. '클렌징하기 귀찮아. 내일 일어나자마자 바로 씻자'라고 생각할지도 모른다. 그러나 이것이 습관이 된다면 피부를 상하게 한다. 색조 화장 잔여물에 낮 동안 피부에서 나오는 노폐물, 미세먼지가 그대로 쌓여 모공을 막기 때문이다. 이는 곧 유수분 밸런스를 잃게 만들고 성인 여드름이 날 확률을 높인다.

미국의 유명한 피부 전문가 로던(Rodan)은 "자는 동안에는 신체 온도가 올라가면서 피부는 외부 성분을 흡수한다"며 "잘 때는 가장 유효한 성분만을 피부에 남겨야 한다"고 말했다. "늦은 밤 극도로 피곤하면 세안이 귀찮아지기도 한다. 그럴 때는 클렌징 티슈를 사용해 간단하게라도 화장을 지워주는 것이 좋다. 닦아내는 것만으로도 노폐물을 제거할 수 있어 유용하다"고 전했다. 만약 화장을 지우지 않고 자는 것이 습관이 됐다면 이제부터라도 회복과 독소배출에 집중해야 한다. 매주 2회 잠자기 직전 디톡스 효과가 있는 마사지크림을 부드럽게 마사지하자. 얼굴 혈액순환을 돕고 신진대사를 촉진시켜 준다.

담배 피우는 습관

모두가 알고 있듯 담배는 니코틴, 타르 등 발암 물질을 포함해 몸에 악영향을 미친다. 그 외에도 담배 연기를 마시고 뿜어내는 동작은 입가 피부 건강에도 좋지 않다. 화상을 입거나 통증이 생길 수 있으며 입가에 주름과 색소 침착을 유발하고 피부가 거칠어지기 때문이다.

흡연한다면 화장대에 필링 기능이 있는 제품을 마련해 두는 것이 좋다. 피부 노화 각질을 제거하고 주름과 색소 반점을 옅게 해주는 효과가 있기 때문. 담배 연기 입자는 피지층에 머무르면서 독성을 지닌 촘촘하고 얇은 층을 형성한다. 때문에 여드름, 염증, 주름이 생기게 된다. 메이크업 베이스는 먼지, 세균 등 유해물질로부터 피부를 지켜줘 흡연자들에게는 필수품이라고 할 수 있다.

걱정을 많이 하는 습관

제3자가 되어 자신의 업무 습관을 관찰해 본다면 깜짝 놀랄 수도 있다. 줄곧 근심하면서 옆자리 동료가 건네는 농담에도 미소조차 짓지 않는 모습이기 때문이다. 걱정과 스트레스는 탈모, 주름, 피부병, 눈 처짐 등 건강과 피부에 좋지 않은 영향을 끼친다. 생기와 활력이 넘치고 스트레스와 근심이 없을 때 피부 상태도 새롭게 달라질 것이다.

패션쇼 백스테이지에 들어가 보면 유명 모델들은 스트레스 해소를 위해 바쁜 와중에도 영화를 보며 휴식을 취한다. 이런 습관이 런웨이에 오를 때 모델들에게 생기 넘치는 모습을 만들어 주는 것이다. 우리도 바쁘더라도 스트레스를 적절하게 풀어 줘야 한다. 안정된 정서에서 호르몬 밸런스가 균형을 이루고, 따뜻하고 관용적인 마음을 가진 사람은 더욱 아름답기 때문이다.

장기간 스트레스에 시달리게 되면 피부 세포에 영양이 부족해진다. 피부가 푸석푸석해지고 주름이 생기게 되며, 특히 나이 들어 보이게 하는 팔자주름이 더욱 깊어지게 된다. 피부가 지쳤다면 영양을 과도하게 공급하는 것보다는 간단하면서도 효과적인 스킨 케어를 하는 것이 좋다. 사용감이 산뜻한 스킨, 수면을 돕는 효과가 있는 라벤더 미스트, 스트레스를 완화해 주는 안티에이징 마스크팩은 스트레스를 받은 피부에 좋을 것이다.

겨울철 피부에 따뜻한 '캐시미어 스웨터'를
입혀 주는 방법

　한 연구 결과에 따르면 인간의 피부는 위와 마찬가지로 음식물 섭취를 통해 '허기'를 해소한다. 피부에게 있어 음식물 섭취는 피부를 따뜻하게 어루만져 주는 것이다. 추위에 피부 온도가 내려가면 불안감과 떨림이 마음에 전달돼 행복감이 줄어드는 데도 영향을 끼친다. 행복해지려면 우선 피부를 따뜻하게 해줘야 한다. 이를 통해 피부와 마음은 좋은 영향을 받게 되고 몸 역시 스트레스가 줄고 면역력이 높아지게 된다.

얼굴 피부는 다른 신체 부위와는 상대적으로 연약하고 혈관이 미세하다. 추운 겨울철에는 찬바람에 피부가 노출되기 때문에 피부 신진대사가 느려지고 세포 조절 능력이 감소한다. 이는 피부를 칙칙하게 만들고 홍조, 건조증, 간지러움 등과 같은 증상을 불러일으킨다. 실내와 실외의 온도 차가 클 경우에는 피부가 빠르게 나이 들게 된다. 피부 온도를 높이면 안색이 밝아지고 스킨 케어 제품이 잘 흡수된다.

피부를 따뜻하게 해주는 5가지 방법

온도가 낮으면 혈액순환이 원활하지 않아 피부 상태가 안 좋아진다. 좋은 상태로 되돌리려면 피부를 따뜻하게 해서 혈액순환을 촉진시켜야 한다.

❶ 몸을 따뜻하게 해주는 와인욕

따뜻한 욕조에 몸을 담글 때 사르르 녹는 그 느낌! 몸과 마음을 릴렉싱하고 싶다면 와인 목욕을 해보자. 꽃잎과 아로마오일을 뿌린 욕조에 레드와인 한 잔을 더하면 된다. 와인에는 타닌산과 폴리페놀 성분이 있어 항산화를 도울 뿐만 아니라 혈액순환을 촉진시켜 주고 신체 온도를 올려줘 후속 스킨 케어를 준비할 수 있다. 땀샘과 피지선이 활발해져 모공을 막고 있던 때와 유분이 제거되고 피부가 건강한 옅은 분홍빛을 띠도록 해준다.

❷ 찬 공기에 민감해진 피부를 진정시켜 주는 발열 클렌징

발열 효과가 있는 마스크팩이나 스크럽제는 사용 시 따뜻함을 느끼도록 해주며 겨울철 차가운 공기로 민감해진 피부를 진정시켜 준다. 열에너지를 이용해 피부 표층을 열고 딥클렌징 단계에 들어가면 유분과 노폐물, 각질을 제거해 피부를 깨끗하고 투명하게 만들어 준다. 스킨 케어 흡수 역시 눈에 띄게 개선된다. 그러나 민감성 피부는 사용하지 않는 것이 좋다.

❸ 피부 혈액순환을 돕고 피부 에너지를 채워 주는 성분

혈액순환을 도와주는 스킨 케어 성분을 사용하면 추운 날씨로 인한 건조, 피부 벗겨짐, 알레르기 등 피부 트러블을 개선하는 데 좋다. 이 성분들은 대부분 식물에서 추출한 것으로 생강 에센스, 겨자 에센스, 달맞이꽃 에센스, 매실 추출물 등이다. 그중에서도 가장 뛰어난 발열 효과를 지닌 성분이 2가지 더 있다. 순도가 높은 비타민C로 미백과 항산화 기능 외에도 피부 신진대사를 높여 주는 효과가 있다. 사용 시 발열감이 약간 있지만, 피부에 해가 될 정도는 아니다. 그러나 농도가 지나치게 높거나 순도가 떨어지는 비타민C는 피부 세포를 자극해 알레르기를 일으킬 수 있으므로 각별히 주의해야 한다. 또 다른 하나는 바위들꽃이다. 산소가 부족한 환경에서도 살아남는 생명력이 있는 바위들꽃은 미토콘드리아의 산화 능력을 높여 준다. 미토콘드리아는 체내 세포 에너지를 저장하는 곳으로 피부에 에너지가 가득하도록 도와준다.

❹ 찬바람으로부터 피부를 지켜 주는 크림

거울철 피부는 따뜻하면서도 가벼우며 부담 없는 '캐시미어 스웨터'를 필요로 한다. 좋은 크림 하나는 이 복합적인 수요를 충족해 주고 피부 표층에 보호막을 형성해 추위로부터 피부를 지켜 준다. 좋은 크림을 고르려면 아로마오일과 왁스 재질 성분을 함유한 것이 좋다. 식물 아로마오일은 피부 지질을 보충해 주고 보온효과를 준다. 왁스 재질은 두툼한 바람막이와 같아서 찬바람을 막아 준다. 이외에도 혈액순환을 돕는 성분이 있다. 일부 유명 브랜드에서 나오는 크림을 예로 들자면 라프레리(La Prairie)의 헤스페리딘 스마트 크리스탈 나노입자, 샤넬(Chanel)의 플라니폴리아 PFA 활성성분, 클라란스(Clarins)의 마다가스카르 센텔라 등이다.

❺ 피부를 따뜻하게 해주는 마사지

마사지는 대사와 미세 순환을 활발하게 해주고 피부가 온기를 유지할 수 있도록 돕는다. 이외에도 얼굴 근육 조직을 릴렉싱 해주고 팽팽하게 만들어 피부 속부터 윤기가 흐르도록 한다. 혈액순환에 좋은 마사지를 전문적으로 배워서 습관적으로 자주 해준다면 피부 컨디션이 최적의 상태를 유지할 수 있을 것이다. 전체적으로 마사지를 해주면 얼굴이 편안함을 느낄 수 있게 된다. 마사지가 힘들다면 괄사판(피부에 자극을 주는 마사지 도구)을 이용해서 아래에서 위로 얼굴 피부를 마사지하면 된다. 혈액순환을 촉진시키고 건강해지는 효과도 볼 수 있다. 다만 힘은 가볍게 주고 잠자기 직전에 하는 것이 좋다.

Step ① 양 손바닥을 얼굴 중앙에서부터 귀 앞까지 감싸 준다. 머리카락 경계선을 따라 뒷머리까지 천천히 마사지한다. 손가락에 약간 힘을 주어 부드럽게 눌러 준다. 머리카락을 뒤쪽으로 빗어 모으는 것처럼 천천히 정성껏 마사지해 준다.

Step ② 중지와 약지를 모아 눈 아래 뼈에 올리고 힘을 주며 천천히 눌러 준다. 미세 순환을 촉진시킴과 동시에 피로를 풀어 준다.

Step ③ 중지로 양쪽 콧구멍 옆 움푹 파인 곳을 가볍게 누른다. 이곳은 중의학에서 말하는 '영향혈(迎香穴)'이다. 영향혈에는 얼굴 혈관 대부분이 집중돼 있어서 마사지해 주면 혈액순환에 효과적이다.

Step ④ 뒷목의 움푹 파인 부분을 힘주어 누른다. 체내 에너지 흐름을 촉진하고 머리 혈액순환도 돕는다.

온도차 걱정 없는 피부로 만들자

피부는 실내외 온도차에 약하다. 연구 결과에 따르면 온도차는 피부 노화를 촉진하는 요소다. 에어컨이 있는 곳에서 근무하고 생활한다면 이에 신경을 써야 한다.

❶ 최적 온도인 18℃를 유지하자

18℃는 피부가 겨울철 실내에서 가장 편안해 하는 온도다. 마음대로 온도를 조절할 수 없는 환경이라면 개인적으로 사용할 수 있는 미니 가습기를 마련해 습도라도 조절해 보자. 피부 컨디션에 맞게 적절한 수분을 공급해줘 피부 유수분 밸런스를 균형 있게 유지해 준다.

❷ 각질층을 보호하자

각질층은 피부의 내복과 같다. 신진대사를 통해 끊임없이 새로 생성되는 건강한 각질층은 피부를 보호해 주고 실내·외 온도차로 인한 피부 손상을 방지해 주기 때문이다. 겨울철에는 종종 피부가 칙칙해지고 윤기가 없어지는데 이는 각질층 대사가 느려져 죽은 세포가 퇴적된 결과다. 따뜻한 필링 제품을 선택하고 수분을 자주 보충하면 각질 생성, 탈락 주기를 건강하게 유지할 수 있다. 촉촉한 각질층을 위해 아미노산, 미네랄 등 피부 친화성 성분을 보충해 주고 피부가 온도차로 인한 자극을 받지 않도록 주의하자.

❸ 찬물과 마사지로 겨울철 온도차에 대비해 보자

겨울 아침에 일어나면 미온수로 클렌징한 뒤 냉수로 뺨을 탱탱하게 쳐준다. 피부가 '감기'에 걸리지 않도록 주사를 놓는 것과 같다. 온도 변화에 민감한 피부 타입이라면 외출 시 목도리나 마스크를 쓰는 것이 좋다. 실내에 들어오면 손가락으로 얼굴을 1분간 살짝 마사지해, 추위로 인해 바짝 수축된 혈관을 천천히 확장시켜 줘야 한다. 30℃ 정도 되는 따뜻한 수건을 3분간 얼굴에 올려두고 피부를 릴렉싱해 준다.

전신 디테일 주의!

　고전 영화 '바람과 함께 사라지다'의 등장인물 '스칼렛 오하라(Scarlett O'Hara)'라는 여성은 매우 가난해진 뒤 유일하게 갖고 있던 녹색 벨벳 커튼으로 옷 한 벌을 만들어 '레트 버틀러(Rhett Butler)'를 만나러 갔다. 그녀의 자태와 얼굴은 가난에도 우아한 매력을 지니고 있었지만 거칠게 갈라진 손은 그녀가 녹록지 않은 생활을 하고 있음을 나타냈다. 얼굴을 잘 가꿔도 디테일한 부분에서 그녀의 생활을 엿볼 수 있는 것이다. 신체 피부는 24시간 동안 외부 요인에 의해 손상되거나 영양을 갖춘다. 특히 팔꿈치, 무릎, 목 등은 원래 건조해지기 쉬운 부위로 수분 유실에 대해 더욱 민감하다. 겨울철에 더욱 신경을 써야 하는 이유다.

동안의 필수인 주름 없는 목으로 관리하는 법

목 피부는 얇고 약해 관리하지 않으면 노화를 막을 수 없다. 겨울철 유분이 부족한 목은 약한 바람에도 쉽게 자극을 받으니 각별히 신경을 써야 한다.

방법

① 목 피부는 매우 민감하기 때문에 부드럽고 섬세한 클렌징 제품을 선택하는 것이 좋다. 동작도 세심하고 약하게 진행해야 자극을 덜 받는다.

② 스킨 케어 시 스킨을 목까지 바른다. 어깨 바깥 부분에서 안쪽으로, 턱에서 목 부분으로 피부를 가볍게 누르면 림프 마사지 효과도 볼 수 있다. 혈액순환과 독소 배출을 촉진한 뒤 크림을 발라 마무리한다.

③ 낮은 베개를 사용하자. 높은 베개는 목이 굽어진 상태에 놓이기 쉬워 잔주름이 잘 생긴다.

손 피부를 부드럽고 매끈하게 만드는 법

장기간 햇빛, 먼지, 추위 등 외부 자극에 노출되면 손톱 뿌리 부위가 상하기 쉽다. 손은 관리를 소홀히 하면 거칠어지기 쉽다.

① 매주 1회 따뜻한 물에 양손을 5~10분 담가 손톱 뿌리 부분의 각질층을 연하게 해준다. 손톱 뿌리가 지나치게 건조하고 거칠다면 물에 레몬즙을 조금 추가할 것.

② 손톱 뿌리를 케어해 주는 오일을 사용하여 손가락을 천천히 마사지한 뒤 촉촉한 핸드크림을 바른다. 잠자기 전에 하면 손톱 뿌리 부위 건강을 회복하는 데 더 좋다.

③ 일주일에 최소 하루는 매니큐어를 지워 손톱이 호흡하도록 할 것. 이밖에도 비타민 B2를 함유한 식품을 섭취해 거스러미가 생기는 것을 예방하자.

깔끔하고 화사한 무릎 피부를 만드는 법

영화배우 데미 무어(Demi Moore)는 5천 파운드(한화 약 689만 원)를 들여 무릎 성형을 했다. 어려 보이고 매끈한 다리를 만들기 위한 것. 수술까지는 아니더라도 꾸준히 신경 써보자. 당신도 아름다운 팔꿈치, 무릎을 가질 수 있을 것이다.

방법

① 관절 부위에 스크럽제를 바르고 원을 그리며 마사지한다. 팔꿈치, 무릎은 피부가 최대한 늘어난 상태에서 마사지를 진행해야 쌓인 각질을 더욱 쉽게 제거할 수 있다.

② 타르타르산류 제품은 팔꿈치와 무릎 부위를 밝게 만들어 주고

수분을 부여한다. 완전히 흡수될 때까지 부드럽게 마사지하면 흡수하는 데 좋다.

③ 칙칙하고 건조한 정도가 심하다면 보습팩과 화이트닝 에센스를 사용해 집중 케어해 주면 눈에 띄는 효과를 볼 수 있다.

각질 없는 부드러운 발꿈치를 만드는 법

거북이 등처럼 건조한 발꿈치를 생각해 보자. 보기 안 좋기도 하지만 신체 혈액순환이 원활하지 않다는 증거이기도 하다. 이 부위를 잘 케어해 주는 것은 오랫동안 건강을 유지할 수 있는 것과 같다.

방법

① 매주 2회 발꿈치 각질을 제거한다. 40℃ 정도의 온수에 20분 정도 발을 담근 뒤 바다소금 또는 소금을 넣어 각질을 연하게 해 주면 된다.

② 로션을 충분히 바른 후 면양말을 신고 잠자리에 들자. 풋 전용 제품을 사용하면 더욱 효과가 좋다. 최근 유행하는 풋팩을 사용하면 편리하다.

③ 정기적으로 발 마사지를 해준다. 손바닥에 아로마오일을 덜어 따뜻하게 데운 뒤 발바닥에 부드럽게 바른다. 양 엄지손가락으로 발바닥 근육을 눌러 주면 피부가 건조되는 것을 막고 혈액순환을 개선할 수 있다.

반드시 화이트닝을 해야겠다면
반대하지는 않는다

'흰색' 하면 대부분 순결, 순수가 떠오른다. 그러나 색채 심리학에서 흰색은 엄격하고 까다로우며 품질에 대해 높은 수준을 요구하는 것이라고 한다. 동양 사람들에게 있어 흰색은 '흰 것이 모든 추한 것을 감춰 준다'라는 심미 관념이 깊게 자리 잡고 있다. 또한 사교 장소에서 하얀 피부는 귀족과 같은 분위기를 뿜어내기 쉬우며 우아한 말투와 함께 매력을 돋보이도록 해준다. 이처럼 흰색에 관한 여러 말들을 고려해 보면 하얀 피부는 많은 사람들이 선망하고 관심을 가지는 대상일 것이다. 이에 필자는 5가지 단계로 화이트닝 방법을 설명하려 한다.

'하얀 피부'를 위한 5단계

하얀 피부는 표피 기층 세포 사이에 분표하고 있는 멜라닌 세포에 달려 있다. 멜라닌 세포는 함유하고 있는 티로시나아제가 티로신을 다당류로 산화시킬 수도 있으며 일련의 대사 과정을 거쳐 최종적으로 멜라닌 색소를 생성한다. 멜라닌 색소가 많을수록 피부가 까매진다.

1단계 클렌징

딥클렌징은 화이트닝의 첫 단계다. 화이트닝, 딥클렌징 성분이 있는 클렌징 제품을 사용하면 된다. 화이트닝 성분이 가장 먼저 피부와 접촉하고 이후 딥클렌징 성분이 피부 표층을 부드럽게 씻어 주며 깨끗하고 윤기 있는 피부로 만들어 준다. 이후 본인의 근무 환경과 생활패턴에 따라 메이크업 베이스를 선택할 수 있다. 색소 침착을 유발하는 햇볕, 먼지, 컴퓨터 모니터 빛은 불가피하다. 그러나 메이크업 베이스가 이 요소들로부터 피부를 보호할 수 있으므로 자외선 차단, 보습, 화이트닝 기능이 있는 메이크업 베이스를 선택하자.

2단계 기초 화이트닝

피부를 깨끗이 한 뒤 화이트닝 성분이 함유된 스킨을 사용하여 보습 케어를 해준다. 멜라닌 생성을 억제할 수 있으며 피부를 더욱 매끄럽고 투명하게 만들어 준다. 미백 효과를 갖춘 스킨은 화이트닝의 기초다.

3단계 심화 화이트닝

에센스는 스킨 사용 후 적용하며 대부분 비타민C, 코직산, 비타민 B3 등 성분을 함유하고 있다. 화이트닝, 리페어 기능이 있을 뿐만 아니라 피부를 촉촉하게 해줄 수 있는 심화 화이트닝 단계다. 에센스의 유효 성분이 표피층에 침투하여 피부 표층에 생성된 색소를 제거해 주고 자외선으로 인해 검은 반점, 주근깨가 생기는 것을 예방해 줄 수 있다. 피부 타입에 맞는 에센스를 선택한다면 4~8주 후 효과를 볼 수 있다.

4단계 화이트닝 굳히기 단계

윤기, 광택, 보습력이 아주 뛰어난 화이트닝 로션은 피부를 부드럽고 촉촉하게 해준다. 뿐만 아니라 장기간 사용 시 반점이 눈에 띄게 옅어지게 된다.

5단계 집중 화이트닝

화이트닝 마스크팩은 단기간에 피부 멜라닌 색소를 억제하도록 도와주지만 매일 사용할 필요는 없다. 매주 1~2회 사용하면 단계적으로 화이트닝, 잡티 완화에 좋다. 또한 여성의 생리 주기에는 화이트닝 효과를 잘 볼 수 있는 황금 기간이 있다. 월경이 시작된 후 다음 배란기까지를 '난포기'라고 하는데 이 시기의 피부는 비교적 컨디션이 좋은 상태다. 이때에 피부를 집중 관리하면 화이트닝 효과를 더 잘 볼 수 있을 것이다.

PART SIX

장한일과의 토크

가끔 이런 질문을 받는다.
"평소에 피부에 신경을 쓰지 않고 가끔 바르기만 해도
효과가 있는 제품이 있을까요?"
이 질문은 식사 조절도 하지 않고, 운동도 하지 않고
어떻게 살을 뺄 수 있냐고 묻는 것과도 같다.

장한일 뷰티 아티스트가
가장 싫어하는 질문

Q. 저는 올해 18살인데, 처지는 눈 밑 살을 해결하는 데 좋은 방법이 있을까요?

불쾌한 기색으로 답변: 선천적으로 눈 밑 살이 처지는 것은 해결할 수 없다. 스킨 케어는 성형이 아니고 유전자로 인한 선천적인 문제는 스킨 케어에 의존하여 해결할 수 없다. 스킨 케어는 피부에 꼭 필요하지만 그렇다고 만능은 아니다.

Q. 에센스를 사고 싶은데 어떤 브랜드가 좋을까요?

불쾌한 기색으로 답변: 만약 이 질문에 대해 정확한 답이 있다면 전 세계에 한 브랜드의 에센스만 남고 다른 브랜드들은 더 이상 에센스를 생산할 필요가 없을 것이다.

Q. 스킨 케어 제품에 대해 전혀 모르는데, 평소에 피부에 신경을 쓰지 않고 가끔 바르기만 해도 효과가 있는 제품이 있을까요?

불쾌한 기색으로 답변: 이 질문은 식사 조절을 하지 않고, 운동도 하지 않고 어떻게 살을 뺄 수 있냐고 묻는 것과 같다.

Q. 최근에 여드름이 많이 나는데, 여드름을 없애는 데 좋은 제품을 빨리 추천해 주세요.

불쾌한 기색으로 답변: 나이, 피부 타입, 여드름이 생기는 원인, 여드름의 현재 상황과 같은 가장 기본적인 정보가 필요하다. 막무가내로 '좋은' 제품을 추천해 달라고 하면 답을 할 수 없다.

메이크업 제품 구입하는 여자에게
'된장녀'라고 하지 말라

만약 그녀들에게 감히 이렇게 말한다면, 그녀들은 분명 다음과 같이 진술할 것이다.

'집안을 망치는 여자'에 대한 허위진술

허위진술 1 자신의 피부 타입을 알려면 자신의 피부에 적합한 제품을 구입해야 한다.

진실 자신에게 적합한 제품? 사실 셋째 사촌 언니와 여섯째 외숙모에게 적합한 제품까지 전부 구매한 것이다.

허위진술 2 저는 뷰티에 관심이 많아서 이쪽에 돈 쓰는 것이 매우 냉정한 편이에요.

진실 상점에 들어가자마자, 쇼핑몰 페이지를 열자마자 '냉정'이라는 단어는 바로 사라지기 시작한다.

허위진술 3 화장품 구매 시 자신의 성격과 스타일을 참고해야 한다. 예쁘다고 해서 전혀 사용할 일이 없는 제품까지 구입해서는 안 된다.

진실 구매한 10개의 립스틱 중 6개는 아예 열어본 적도 없는 제품이고, 사용한 3개는 10%도 사용하지 않고 바로 버려졌어요. 아니네요? 잘못 계산했네요. 나머지 한 개는 어디로 갔더라? 제니한테 선물했는지, 제시카한테 선물했는지 기억조차 안 나네요.

허위진술 4 '익숙하지 않으면 하지 말 것', 미용실 비용은 비싸기도 하고 비교적 큰 부작용을 야기할 수도 있다. 만약 익숙하지 않은 효과와 미용기기라면 자신에게 실험 삼아 해보지 않는다.

진실 '안전제일'이라는 원칙을 준수하는 정도는 완전히 미용사의 말재간에 달려 있다. 어쩌다 말재간이 뛰어난 미용사를 만나게 된다면, 그녀를 알게 된 지 몇 분 만에 그녀의 말을 굳게 믿게 될 것이다. 친언니처럼 당신보다 이 제품이 더 필요한 사람은 없다고 말하기 때문.

허위진술 5 허위 광고와 언론 광고가 많기에, 한눈에 알아볼 수 있다.

 '이번 시즌 유행' 제품을 사지 않으면 마음이 불편해 밥이 안 넘어간다.

 명품백을 사는 것이 허영이고, 집안을 망치는 것이다. 스킨 케어 제품을 사는 것은 자신의 건강과 아름다움에 대해 책임을 지는 것이다.

 1년 동안 스킨 케어 제품을 구매하는 비용으로 가방을 몇 개나 살 수 있으며, 절반의 스킨 케어 제품은 사용 기한이 지난 것이다.

 만약 또 구매를 한다면 손을 자르겠다!

 손은 멀쩡하게 달려 있고, 스킨 케어 제품도 계속해서 구매한다.

집안을 망하게 할 수는 있지만, 위험을 무릅쓸 가치는 없다

많은 브랜드들의 제품은 해외에서는 다양하지만, 일부는 국내에 출시되지 않는 경우가 있다. 모든 정품 화장품은 수입 전 신청서를 제출해야 하고 검역을 통과한 후에야 심사를 거쳐 출시될 수 있다. 전체 과정이 대략 8~12개월이 소요되며 메이크업 중독자들에겐 도저히 기다릴 수 없는 시간이다. 하나둘씩 '비행기를 타고' 출국하여 중국에 출시되지 않는 제품을 사오는 것이 메이크업 제품 중독자들의 트레이드마크 중 하나가 되었다.

위험 포인트: 사용 중에 좋지 않아도 반품이 불가능하며, 좋아도 추가 구매를 할 곳이 없다

메이크업 제품을 출시하려면 위생검역검사를 거쳐야 하며 미생물

검사, 독물학 실험 등을 포함한 일련의 안전 보장관문을 통과해야 한다. 때문에 국내에서 출시되지 않은 제품을 구매하는 것은 이러한 관문을 통과하지 않았다는 것을 의미한다. 또한 국내에 출시되지 않은 경우 직접 비행기를 타고 가거나 지인에게 부탁하여 외국에서 구매하는 것을 제외하고는 안전하게 구매할 방법이 없다. 대부분의 구매 경로는 위험을 무릅쓰고 인터넷에서 구매하는 것이며 아무 곳에도 신고할 수 없는 위조품을 구매하게 되는 경우도 있다.

위험 예방 방법

① 전 세계에서 동시에 출시되는 유명 브랜드 화장품에 관심을 가지면 된다. 대형그룹의 글로벌 계획은 사전에 이루어지므로 신고 시간을 미리 계산해 두며 소문에 따르면 일부 브랜드들은 서둘러 판매하기 위해 사후에 벌금을 지불하는 경우도 있다고 한다. 최소한 브랜드 실력이 뛰어남을 증명해야만 이런 소문도 생기게 되는 것이며 제품을 안심하고 사용할 수 있는 것이다.

② 국내 미출시 제품은 외국 웹사이트에서도 정보를 찾아볼 수 있다. 그렇기 때문에 메이크업과 관련한 영어를 배워서 대략적인 내용을 파악하면 웹사이트에 나와 있는 거짓말에 넘어가지 않을 수 있다.

③ 국내 미출시 제품에 대해 쇼핑 중독자들은 주변에 믿을 만한 사람들의 입소문과 평가를 들어야 한다. 오늘날은 전문가나 메이크업 달인들이 매우 많기 때문에 그들에게 문의를 해보는 것이 좋다.

집안을 망칠 수 있어도 할인을 믿지 말아야 한다

대형 상점의 전문 판매대 할인은 안심할 수 있다. 공개적으로 할인 행사를 하는 이유는 다음과 같다. 예를 들어 브랜드의 판촉 제품이든, 품질 보증 기한이 다 되어가는 제품이든 간에 정식 매장의 '기한이 임박한' 제품은 과장하지 않고 당신에게 최소한 정상적으로 사용할 기간을 더해 남겨 준다. 그러나 온라인샵 판매자에게서 기한이 임박한 할인 제품을 구매하려면 자세히 물어보아야 한다. 만약 사용 기한이 15일밖에 남지 않았다면 2주 만에 사용하는 것이 가능할까?

위험 포인트: 본래 구매하려던 것은 '순자연'이었지만, 사실 구매한 것은 '순첨가' 제품이다

인터넷상에서 '눈을 번쩍이게' 할 정도로 할인을 하는 제품은 위조품일 가능성이 매우 크다. 이런 제품에 속는 사람들은 전문 판매대를 찾지 않고 공식 홈페이지를 보지 않으며 트렌드에 따라 쇼핑하는 것만을 선호하는 사람이다.

위험 예방 방법

① 정식 브랜드는 정기적으로 디자인을 새롭게 하고 패키지를 업그레이드한다. 새로운 것을 추구하는 여성들의 주목을 끌기 위해서지만, 다른 한편으로는 위조를 방지할 수 있기 때문이다. 위조품 제작 공장은 비용을 절약하기 위해 사용하는 병, 종이 박스를 동일한 버전으로 대량 생산하기 때문에 정식 브랜드처럼 지속적으로 업그레이드를 할 능력이 없다. 구매 시 브랜드에서 발

표한 최신 패키지를 참고해야 진짜 제품을 구매할 수 있고 품질 보증 기간도 확인할 수 있다.

② '싼 게 비지떡이다'라는 말은 옳은 말이다. 중고제품이 아닌 이상 새제품의 할인 가격이 판매대 정품 가격보다 30% 저렴하다면, 아쉽겠지만 구매를 포기하는 것을 추천한다. 십중팔구 사기일 것이며 스스로 위험을 자초할 필요는 없기 때문이다.

온라인으로 메이크업 제품을 구매하는 가장 정확한 방법

필자는 메이크업 제품에 대한 구매 욕심이 많지만, 온라인 쇼핑은 자주 하지 않는다. 대부분 공항 면세점에서 구입하거나 정품 판매 매장에서 구매한다. 그러나 오늘날과 같은 인터넷 시대에는 메이크업과 관련된 많은 정보를 인터넷을 통해 얻곤 한다.

중국 공상총국에서 발표한 온라인 거래 상품 모니터링 결과에 따르면 메이크업 제품의 정품률은 66.57%에 불과하다고 한다. 그렇다면 어떻게 하면 30% 이상의 위조품에 속지 않을 수 있을까? 온라인 쇼핑을 전혀 하지 않는 것은 필자는 가능하지만 여러분은 불가능할 수도 있다. 메이크업 제품을 구매하는 것은 쇼핑 중 가장 중독성 있는 일이며 직접 들고 나르는 번거로움을 덜어주는 온라인 쇼핑에 더욱 만족감을 느끼게 된다. 다만 제품의 진품 가품 여부, 좋고 나쁨은 피부가 갱신되는 28일이라는 주기가 지난 뒤에 판단할 수 있으며 포장을 뜯고 사용한 이후에는 반품이 불가능하다. 그러므로 여러분에게 몇 가지 '정확한 구매 방법'을 알려 주고자 한다.

방법 1 평점이 가장 높은 것은 제외하고 호평은 보지 않는다

세심하지 않은 구매자들은 호평이 좋은 것만을 선택하는데 사실 중간인 평가와 안 좋은 평가야말로 더 자세히 살펴보아야 한다. 과한 칭찬 문구를 지나치게 많이 사용하는 댓글은 바람잡이일 가능성이 있으며 과한 칭찬 문구가 지나치게 문학적인 내용을 포함한 댓글은 창작 욕구를 해소하는 것일 가능성이 있다.

방법 2 제품 문제를 발굴해낸다

판매자의 최근 3개월간 해당 제품의 거래 기록 중 중간과 좋지 않은 평가를 한 구매자 3명을 선택하여 웹사이트에서 제공하는 채팅시스템을 통해 그들과 연락을 취해 보자. 호평을 남긴 구매자는 판매자와 같은 지역에 거주하지 않고 구체적인 평가를 남기지 않은 사람을 선택해야 한다. 다른 지역의 바람잡이를 구했을 확률이 같은 지역의 바람잡이를 구했을 가능성보다 낮기 때문이다. 중간 평가와 좋지 않은 평가를 남긴 구매자가 언급한 문제점을 호평을 남긴 구매자에게 질문하여 개인적인 현상인지 여부를 판단한다.

방법 3 거래량이 많은 것은 위조품일 가능성이 적다

거래량은 판매자의 등록 시간, 신용 포인트, 모든 거래 기록, 좋은 평가, 중간 평가, 안 좋은 평가 및 구체적인 평가 내용을 포함하고 있다. 일반적으로 위조품을 판매하는 경우 한 장소에서 다른 장소로 이동하며 사기를 치는데, 명성이 안 좋아지면 바로 계정을 바꾸기도 한다.

방법 4 못 알아듣는 단어는 믿지 마라

몇십 년 전, 춘절 연회 만담에서 말한 '우주 브랜드'의 담배를 기억하나? 기본적인 이치는 시대에 뒤떨어지지 않는 내용으로 우주라는 레벨까지 거짓말을 할수록 이 내용은 믿을 수가 없게 된다는 것이다. 만약 한 스킨 케어 제품 브랜드 명칭에 '우주 리페어 냉동 파우더, 침윤 화이트닝 활성액'에서부터 '인체 세포 재조정 폴리펩티드 리페어액, 시공 대역전승 펩티드 리페어 에센스'와 같은 문구를 포함시킨다면, 이에 대해 감탄하고 신기해하고 참을 수 없을 정도로 근질거리기 전에 만약 '글로벌 수출입 무역 글로벌 총재'라고 쓰인 명함을 받았을 때의 기분이 어떨지를 상상해 보아야 할 것이다.

방법 5 '다른 형태'를 믿지 마라

구매하고자 하는 스킨 케어 제품에 대해 빠삭하게 알아야지만 온라인 쇼핑의 위험을 근본적으로 낮출 수 있다. 용량과 로트번호 형식이 '다른 형태'인지 살펴보는 것 역시 진품과 위조품을 분별하는 좋은 방법이다. 예를 들어, 어떤 브랜드의 크림을 구매하려고 하는데 온라인에서 35㎖를 판매하고 있지만, 실제 해당 브랜드의 정품 크림은 35㎖ 용량의 제품을 출시한 적이 없다면 그 제품은 위조품이다.

방법 6 패키지 경험을 쌓아라

오프레(AUPRES) 같은 경우, 진품 병마개와 병 보디 사이에 거리가 있으며 위조품의 병마개는 거의 병 보디와 붙어 있는 형태다. 오프레의 병은 어떤 제품이든 간에 병마개와 병 보디 사이에 일정한 거리가 있으며, 위조품은 기본적으로 그 거리가 없다. 위조품 병 보디의 텍스트는 약간 기울어져 있으며 규칙적이지 않지만, 정품은 매우 정교하다. 위조품의 텍스트는 볼륨감이 없지만, 진품은 선명하게 보인다.

방법 7 수입 제품은 자세히 살펴라

① 많은 위조품들에는 오자가 있는데, '세발(税拔)' 중 '발' 자는 중국인들만 이렇게 쓰고 일본인들이 쓰는 글자에는 점 하나가 없다.

② 밀수품인 일본 제품에는 생산 일자가 없으며 포장 케이스를 전부 수입한 일본계 제품에는 중국어로 된 생산 일자가 있을 수가 없다. 왜냐하면 일본 제품은 줄곧 생산일자를 표기하지 않고 로트번호만을 표기하기 때문이다.

방법 8 스킨 케어 제품의 코드를 해독하라

① 일반적으로 미국계 브랜드 제품의 코드는 알아보기 힘들지만 실은 다음과 같은 내용이다. 예를 들어 '4220H18'이면 첫 번째 '4'는 2004년에 생산된 것을 나타내는 것이고, '220'은 2004년의 220일째를 나타내는 것이며, 'H18'은 미국 브랜드 H20의 모든 제품에 있는 독특한 코드다.

② 예를 들어 위조품 랑콤(LANCÔME)의 로트번호는 대부분 CV로 시작하고, 진품 랑콤의 립스틱 등 케이스에 있는 장미는 볼록하게 튀어나와 있으며 약하게 긁기만 해도 떨어지는 인쇄된 골드 장미 마크는 분명 위조품일 것이다.

③ 치약 형태의 제품 생산 일자는 가장 윗부분에 있다.

HOMME TERRIOR

젊고 탄력적인 피부를
유지하는 스마트한 남자들의 비결

NEW

NEW

HOMME TERRIOR

HOMME TERRIOR

DYNAMIC
BB CREAM

Anti-Wrinkle Effect

40 g

DEEP CLEAN
FOAM CLEANSER

Mild type cleanser giving fresh and
clean cleansing.

120 g

ALL IN ONE

Balances skin and keeps it ideally moisturized.
Due to its superb quality, you feel relaxed and comfortable.

120 g

주름
개선

HOMME TERRIOR

MASK PACK

Balances skin and keeps it ideally moisturized.
Due to its superb quality, you feel relaxed and comfortable.

HOMME TERRIOR

ALL IN ONE / DYNAMIC BB CREAM
DEEP CLEAN FOAM CLEANSER / MASK PACK

☑ 산뜻한 사용감　☑ 피부 탄력 증대　☑ 주름 개선 기능성화장품

허브추출물과 감초추출물 등에서 얻은 특허받은 추출물이
함유되어 자극 받는 남성의 피부를 편안하게 해줍니다.

野菜
야채

将对肌肤有益的
五种野菜协调制成的

LAFINE VEGETABLE

黄瓜　胡萝卜　水芹　西红柿　荷兰芹

野菜
야채
VEGETABLE
FOAMING MASSAGE
CREAM
LAFINE

野菜
야채
VEGETABLE
FOAM
CLEANSING

野菜
야채
VEGETABLE
DEEP CLEANSING
CREAM
LAFINE

野菜
야채
VEGETABLE
FIRMING MASSAGE
CREAM
FRESH VEGETABLES MAKES
FIRMING UP THE SKIN
LAFINE

WeChat
MP.WEIXIN.QQ.COM

LAMY COSMETICS
www.lamy.co.kr

Dr.Myer's
Ampoule Point Mask

10 Multi Vitamins / Rosehip Oil / Ceramide

쫀쫀하고 상큼한 비타민 **모찌 피부!**

Dr.Myer's 가 만들면 다릅니다.

☑ 신개념 특수 비타민 코팅원단!

☑ 피부 속으로 사라지는 리얼 비타민C 파우더!

☑ KFDA 인증 미백 기능성 고농축 앰플!

HOW TO USE

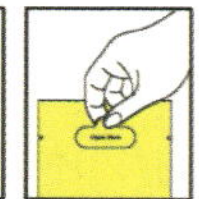
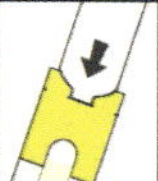
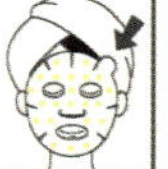

※ 사용중 약간의 따끔거림을 느낄 수 있으나 이는
비타민C 성분 자체의 특성이므로 안심하고 사용하세요.

CATALINAGEO

피부톤 정리와 동시에 스킨케어가 가능한 멀티플레이어

스킨케어&톤보정을 한번에!

에센스 함유 캡슐 톡톡터져 **피부를 매끈매끈 오랫동안** 유지시켜주는
카타리나 지오 컬러 캡슐 메이크업 베이스

자외선 필터 함유 + 고농축 수분공급 + 천연 비타민E

CATALINAGEO

www.catalinageo.com

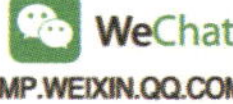

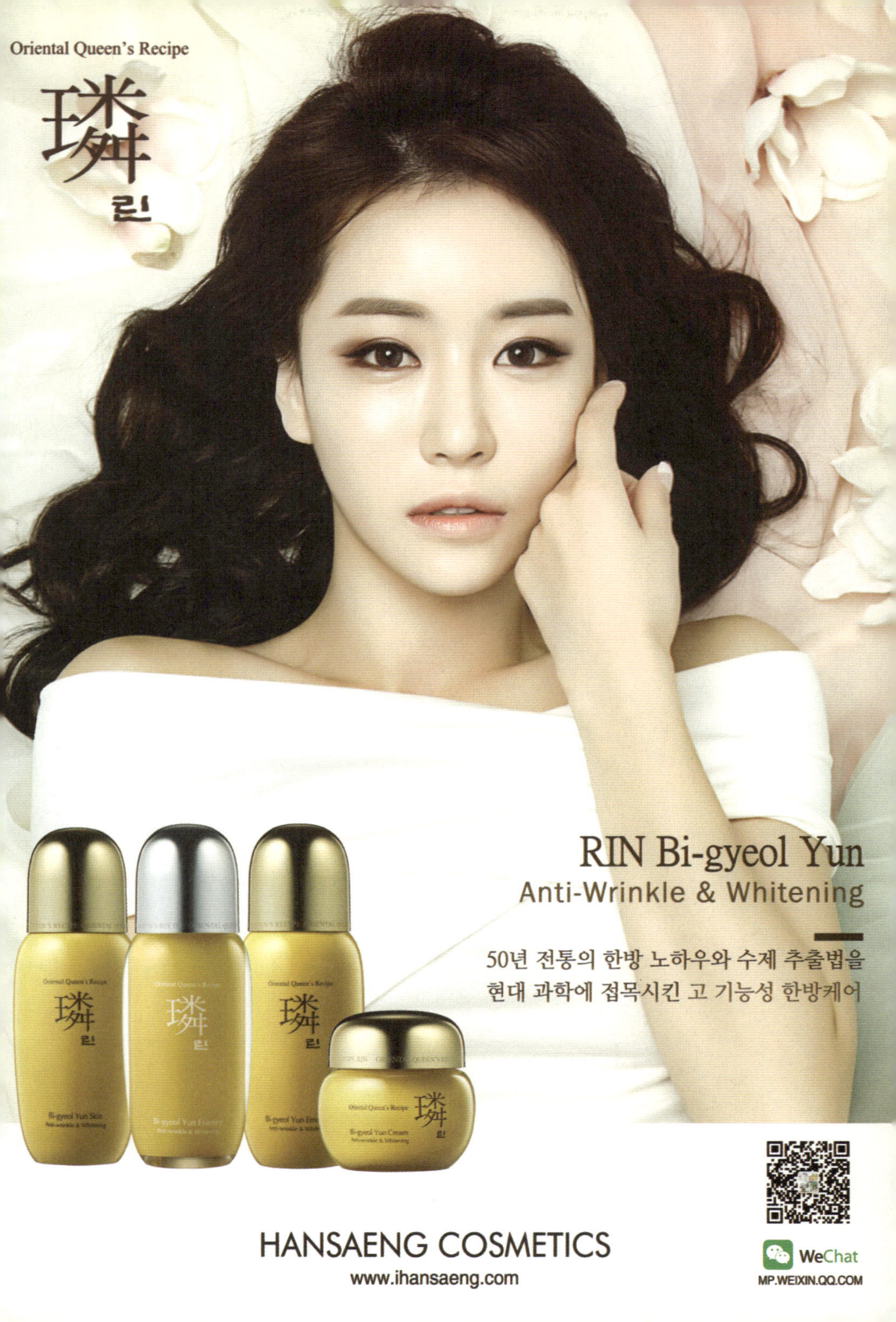
Oriental Queen's Recipe
璘
린
RIN Bi-gyeol Yun
Anti-Wrinkle & Whitening
50년 전통의 한방 노하우와 수제 추출법을
현대 과학에 접목시킨 고 기능성 한방케어
Bi-gyeol Yun Skin
Bi-gyeol Yun Cream
HANSAENG COSMETICS
www.ihansaeng.com
WeChat
MP.WEIXIN.QQ.COM

REAL 97%
RICE PAPER
EATING
MASK PACK

LAMY COSMETICS
www.lamy.co.kr

WeChat
MP.WEIXIN.QQ.COM

이팅 마스크 녹차
REAL 97%
RICE PAPER
EATING
MASK PACK
이팅 마스크 녹차
LAMY REAL 97% RICE PAPER
EATING MASK PACK绿茶
리얼 라이스로 만든 이팅 마스크에
녹차가 더해져 촉촉하고 윤기있게
由真正大米制成的可食用面膜
加以绿茶成分让肌肤更加水润有光泽

이팅 마스크 흑미
REAL 97%
RICE PAPER
EATING
MASK PACK
이팅 마스크 흑미
LAMY REAL 97% RICE PAPER
EATING MASK PACK黑米
리얼 라이스로 만든 이팅 마스크에
흑미가 더해져 투명하고 환하게
由真正大米制成的可食用面膜
加以黑米成分让肌肤更加白净透亮

이팅 마스크 강황
REAL 97%
RICE PAPER
EATING
MASK PACK
이팅 마스크 강황
LAMY REAL 97% RICE PAPER
EATING MASK PACK姜黄
리얼 라이스로 만든 이팅 마스크에
강황이 더해져 생생하고 탄력있게
由真正大米制成的可食用面膜
加以姜黄成分让肌肤富有生机与弹性

LEBODY
FORM

숨어있는 바디라인
을 찾아라

LEBODY FORM
르바디 폼

GTG Wellness
Good to Great, Your Partner to Wellness

서울특별시 강남구 테헤란로25길 55 (역삼동) / 55, Teheran-ro 25-gil, Gangnam-gu, Seoul
TEL. +82-2-3462-5400   EMAIL. gtg@gtgwellness.co.kr   WEB. www.gtgwellness.co.kr

ARISIU21/BMS

손상 입은 피부 세포를 회복시켜
생기 넘치는 피부 완성!

모이스쳐 수딩크림
Moisture Soothing Cream

Moisture
Soothing
Cream

ARISIU
21
BMS

e 50 g